Schneidbretter!

David Picciuto

Schneidbretter!

Simpel, elegant, verrückt: 15 stilvolle Projekte für die Küche

HolzWerken

Inhalt

Weitere Materialien kostenlos online verfügbar!

Ihr exklusiver Bonus an Informationen!

Ergänzend zu diesem Buch bietet Ihnen *HolzWerken* Bonus-Materialien zum Download an.

Scannen Sie den QR-Code oder geben Sie den Buch Code unter www.holzwerken.net/bonus ein und erhalten Sie kostenfreien Zugang zu Ihren persönlichen Bonus-Materialien!

Buch-Code: TE1086

Einleitung

Wenn man Holzwerker fragt, ob sie schon einmal ein Schneidbrett hergestellt hätten, antwortet fast jeder von ihnen, dass er in der Vergangenheit welche gebaut habe und dies auch heute noch tue. Für viele war es das erste Werkstück, das sie jemals getischlert haben. Manche andere verfallen immer wieder darauf, wenn sie eine Ausrede brauchen, um in der Werkstatt zu verschwinden. In jeder Küche benötigt man ein Schneidbrett und fast jede Werkstatt ist so ausgestattet, dass man Schneidbretter darin herstellen kann.

Ein Schneidbrett kann vollkommen schlicht sein und nur aus einem einzigen Brett bestehen. Es kann aber auch aus Dutzenden von Teilen hergestellt werden, die aus unterschiedlichen Holzarten in unterschiedlichen Formen zugeschnitten worden sind. Für manche benötigt man nur sehr wenige Werkzeuge, für andere ist eine gut ausgestattete Werkstatt notwendig. Das Schöne an Schneidbrettern ist die Tatsache, dass man vollkommen unabhängig von den eigenen Vorkenntnissen und der Werkzeugausrüstung schöne und zudem noch nützliche Utensilien bauen kann.

Ich begann, Schneidbretter herzustellen, als ich mich vor einigen Jahren auf einem Kunsthandwerksmarkt in der Nachbarschaft vorbereitete. Wenn ich meine handgearbeiteten Werkstücke bei solchen Shows verkaufe, ermutige ich die Interessenten, die Gegenstände anzufassen und in die Hand zu nehmen. Ich möchte, dass sie das Gewicht und die Güte spüren können. Schneidbretter auf einem Kunsthandwerksmarkt zu verkaufen, kann eine gute Methode sein, sich etwas dazuzuverdienen, um ein neues Werkzeug oder das besonders schöne Stück Holz zu kaufen, auf das man ein Auge geworfen hat. Man kann mit Schneidbrettern aber auch sehr schöne handgefertigte Geschenke für die Familie und den Freundeskreis herstellen. Schließlich kann ein Schneidbrett auch einfach eine gute Verwendung für ein Stück Restholz sein, dass man auf diese Weise einer nützlichen Verwendung in der eigenen Küche zuführt.

Ich hoffe, dass sowohl der erfahrene Holzwerker als auch der Neuling in diesem Buch die eine oder andere Arbeitsmethode findet, mit der er sein Repertoire erweitern kann. Noch mehr hoffe ich, dass er sich durch die Formen und Gestaltungen inspirieren lässt und sie als Ausgangspunkt für seinen eignen Stil verwendet. Es steht dem Leser frei, jedes beliebige Schneidbrett in diesem Buch nachzubauen und gegen gutes Geld auch zu verkaufen.

Wer ich denn bin? Ich arbeite Vollzeit an einem Blog und auf YouTube, mit dem Ziel zu unterhalten, zu inspirieren und zu ermutigen. Ich glaube fest daran, dass jeder die Fähigkeit hat, kreativ zu sein, wenn sie oder er nur in sich blickt und diese Fähigkeit sucht.

David Picciuto
Make Something

Website	www.MakeSomething.tv
YouTube	www.youtube.com/MakeSomething
Twitter	www.twitter.com/drunkenwood
Facebook	www.facebook.com/MakeSomethingTV
Instagram	www.instagram.com/MakeSomethingTV

Baumkante

Etwas Natur in die Küche bringen

Die Bohle, die ich für dieses Brett benutzt habe, stammte von einem Walnussbaum bei meinem Elternhaus im nordwestlichen Ohio. Mein Stiefvater schnitt die Bohle mit der Kettensäge zu und das Holz selbst hat das wunderbare rustikale Aussehen, das ich liebe. Ich liebe die Art, in der das Splintholz in das Kernholz übergeht. Ich habe zwar die Rinde abgenommen, damit sie nicht im Laufe der Zeit abblättert oder als Brutstätte für Bakterien dient, aber das Aussehen der Baumkante ist erhalten geblieben.

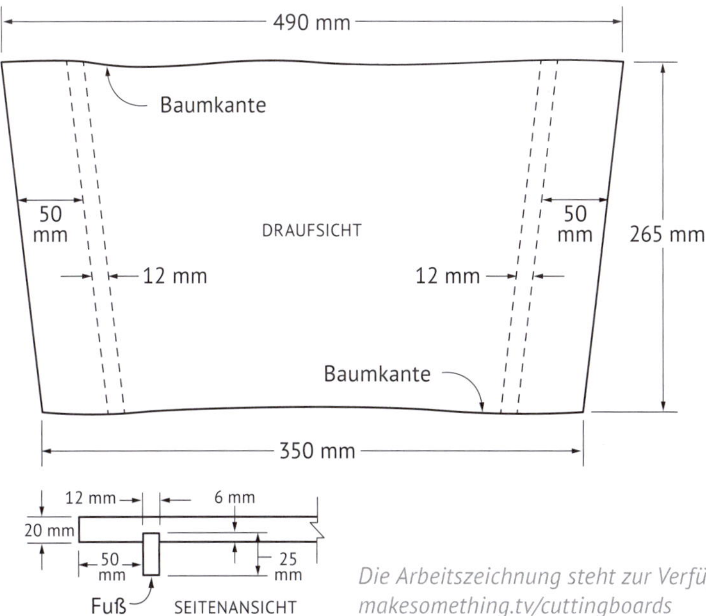

Die Arbeitszeichnung steht zur Verfügung auf: makesomething.tv/cuttingboards

Werkzeug und Hilfsmittel

- Stechbeitel
- Klüpfel
- Hobel
- Diktenhobelmaschine
- Bandsäge
- Handoberfräse mit 12-mm-Nutfräser
- Richtscheit
- Tischkreissäge
- Exzenterschleifer
- Doppelseitige Klebefolie
- Unterlegbrett
- Tischlerleim
- Lebensmittelechtes Oberflächenmittel

Material

- 1 Bohle mit Baumkante, Holzart nach Wahl, Größe kann variieren
- 2 Stück Nussbaumholz, 25 mm breit, Länge entspricht der Breite des Schneidbretts

1 Mit einer Bohle anfangen. Diese 280 mm breite Nussbaumbohle war grob mit der Kettensäge zugeschnitten (sie stammte von einem Baum, der bei meinem Elternhaus gestanden hatte, und war einige Jahre natürlich getrocknet). Entfernen Sie die Rinde vollständig mit einem Stechbeitel und Klüpfel, lassen Sie aber die natürliche Unregelmäßigkeit der Baumkante am Splintholz stehen.

2 **Mit dem Abrichten beginnen.** Da meine Bohle so verzogen ist, dass sie nicht plan auf dem Arbeitstisch der Dicktenhobelmaschine liegt, nehme ich die höheren Stellen mit einem Hobel ab, bis das Kippeln verschwindet. Je nach Bohle, die Sie verwenden, kann das ebenfalls notwendig sein oder entfallen.

3 **Sie benötigen vielleicht ein Unterlegbrett.** Falls Sie an der Bohle mit einigen Stößen des Hobels hochstehende Stellen abnehmen mussten, legen Sie doppelseitige Klebefolie auf die gehobelten Stellen. Befestigen Sie dann die Bohle auf einem Unterlegbrett, um es durch die Diktenhobelmaschine schieben zu können.

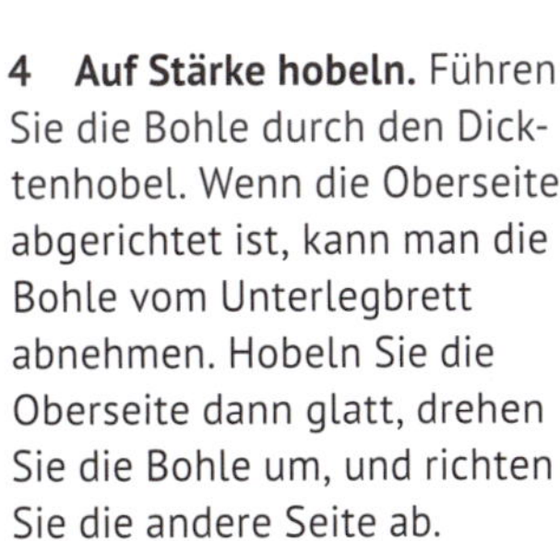

4 **Auf Stärke hobeln.** Führen Sie die Bohle durch den Dicktenhobel. Wenn die Oberseite abgerichtet ist, kann man die Bohle vom Unterlegbrett abnehmen. Hobeln Sie die Oberseite dann glatt, drehen Sie die Bohle um, und richten Sie die andere Seite ab.

5 Form ausschneiden. Die Enden werden an der Bandsäge so zugeschnitten, dass das Schneidbrett eine Trapezform erhält. Da jede Bohle anders ist, möchten Sie vielleicht eine Form und Größe schneiden, die zu der Maserung Ihrer Bohle passt. Bei meinem Brett ist die längere Kante 490 mm lang, die kürzere 350 mm.

6 Handoberfräse bereitmachen. Spannen Sie einen 12-mm-Nutfräser in die Handoberfräse ein, um die Nuten zu schneiden, die als Aufnahme für die Füße des Schneidbretts dienen.

7 Nuten für die Füße fräsen. Markieren Sie die Lage der Füße in etwa 50 mm Entfernung von den Enden des Bretts. Spannen Sie dann ein Richtscheit so über das Material, dass der Fräser an der gewünschten Stelle schneidet, wenn die Handoberfräse am Richtscheit entlang geführt wird. Schneiden Sie dann an jeder Seite eine 6 mm tiefe Nut parallel zu den Enden des Bretts.

8 Füße zuschneiden. Schneiden Sie an der Tischkreissäge zwei Nussbaumleisten mit 25 mm Breite für die Füße zu.

9 Auf Maß hobeln. Hobeln Sie die beiden Fußleisten in der Dickenhobelmaschine auf Maß. Entfernen Sie in mehreren Durchgängen so viel Material, dass Sie eine enge Passung in den Nuten an der Unterseite des Schneidbretts erzielen.

10 Auf Länge schneiden. Schieben Sie die Leisten in die Nuten im Brett und übertragen Sie die Länge auf die Leisten. Schneiden Sie sie mit einer Handsäge oder an der Bandsäge auf Maß.

11 Füße anbringen. Geben Sie eine Leimschnur in die Nuten und stecken Sie dann die Fußleisten in die Nuten. Wenn die Passung sehr eng ist, können Sie die Leisten mit einem Klüpfel einklopfen, um sicherzustellen, dass sie auf dem Grund der Nuten aufliegen. Wenn die Passung sehr schön eng ist, muss man die Verleimung nicht mit Zwingen einspannen.

12 Glatt schleifen. Schleifen Sie sowohl die Flächen als auch die Kanten des Schneidbretts glatt. Arbeiten Sie sich bis mindestens zu einer 220er Körnung hoch. Achten Sie darauf, dass an den Längskanten alle Rindenreste abgeschliffen sind, sodass das hellere Splintholz zum Vorschein kommt.

13 Oberfläche behandeln. Tragen Sie einige Schichten eines lebensmittelechten Oberflächenmittels Ihrer Wahl auf. Hinweise zur Oberflächenbehandlung von Schneidbrettern finden Sie auf S. 156.

Sushi

Klein, leicht, elegant und mit einem subtilen östlichen Flair.

Die Nussbaumstreifen bilden nicht nur einen schönen Kontrast zum Ahorn, sondern stellen auch eine raffinierte Möglichkeit dar, Füße an dem Schneidbrett anzubringen. Da das Werkstück eine östliche Anmutung hat, bezeichne ich es als Sushi-Brett. Und es schlägt sich sehr tapfer, wenn man Sushi darauf serviert, aber man kann es auch gut als Käsebrett verwenden oder mit einer Vielzahl unterschiedlicher kleiner Schneide- oder Servieraufgaben betrauen.

Werkzeug und Hilfsmittel

- Tischkreissäge mit Ablängschlitten oder Gehrungsanschlag
- Permanentmarker
- Kombiwinkel
- Stecknuss oder anderer runder Gegenstand als Schablone für Fuß
- Bandsäge
- Spindelschleifmaschine
- Schleifklötze
- Zwingen
- Tellerschleifmaschine
- Doppelseitiges Klebeband
- Tischlerleim
- Lebensmitteltaugliches Oberflächenmittel

Material

- 5 Stück Ahorn 20 x 20 x 380 mm
- 2 Stück Nussbaum, 45 x 25 x 380 mm

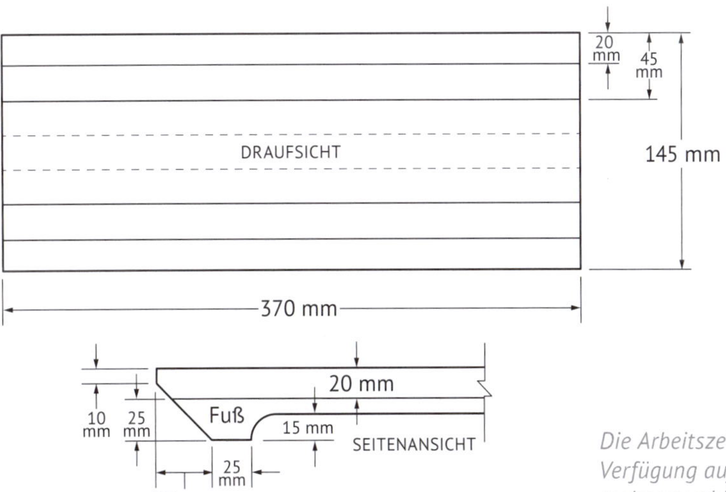

Die Arbeitszeichnung steht zur Verfügung auf: makesomething.tv/cuttingboards

1 Ahorn vorbereiten. Schneiden Sie zuerst das Ahornholz zu Leisten mit quadratischem Querschnitt (20 x 20 mm) zu.

2 Ahorn ablängen. Schneiden Sie die Ahornleisten an der Tischkreissäge mit einem Ablängschlitten oder Gehrungsanschlag auf eine Länge von 380 mm. Sie benötigen insgesamt fünf Leisten.

3 Die Nussbaumfüße vorbereiten. Schneiden Sie zwei Nussbaumleisten auf 380 mm Länge zu, um sowohl als Füße für das Brett wie auch als dekorativer Kontrast zu dienen.

4 Nussbaum auf Breite sägen. Schneiden Sie die beiden Nussbaumleisten auf eine Breite von 45 mm.

5 Die Füße anreißen. Reißen Sie den Umriss der beiden Füße auf dem Nussbaum an. Die Enden werden mit einem Winkel von 45° geschnitten, für die Rundung an der Unterseite habe ich als Schablone eine Stecknuss verwendet.

6 Beide Füße zusammen schneiden. Schneiden Sie den Umriss der Füße an der Bandsäge aus. Sie können dazu die beiden Rohlinge mit doppelseitigem Klebeband aufeinander befestigen, wie hier zu sehen, und sie dann zusammen schneiden.

7 Füße schleifen. Lassen Sie die Fußleisten aneinander und schleifen Sie sie am Spindelschleifer und mit Schleifklötzen bis zu einer Körnung von 220.

8 Verleimen. Verteilen Sie eine dünne Leimschicht auf den zu verleimenden Flächen und spannen Sie die gesamte Montage mit Zwingen ein. Zwischen den Nussbaumleisten sollten drei Ahornleisten liegen, an jeder Seite dann eine weitere Ahornleiste.

9 Enden anschrägen. Als nächstes werden die schrägen Kanten am Hirnholz angearbeitet. Diese Arbeit kann man am Tellerschleifer oder an der Tischkreissäge mit einem Gehrungsanschlag ausführen.

10 Glatt schleifen. Verwenden Sie einen Exzenterschleifer, um die Oberseite und die Kanten des Schneidbretts zu glätten. Arbeiten Sie sich sukzessiv durch immer feinere Körnungen, bis Sie die 220er erreichen.

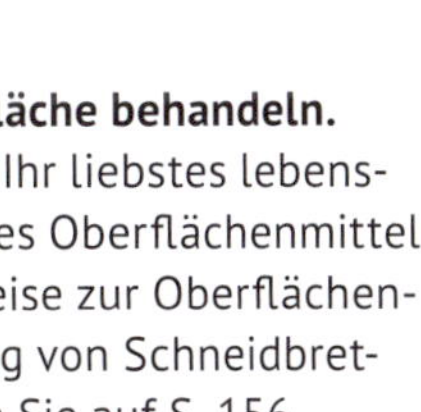

11 Oberfläche behandeln. Tragen Sie Ihr liebstes lebensmittelechtes Oberflächenmittel auf. Hinweise zur Oberflächenbehandlung von Schneidbrettern finden Sie auf S. 156.

Auf www.makesomething.tv finden Sie ein Video (in englischer Sprache), in dem die Herstellung dieses Stücks gezeigt wird.

Pizzaschieber

Ein in Handarbeit hergestellter Ofen- und Servierschieber für eine handgemachte Pizza.

Bei mir zuhause ist selbst gemachte Pizza ein Standardgericht. Mir war aber nie klar, wie sehr mir ein Pizzaschieber fehlte, bis ich einen anfertigte. Er ist hervorragend geeignet, um Pizza in den Ofen und wieder heraus zu bringen, und außerdem macht er sich beim Aufteilen und Servieren nützlich. Wenn man ihn nicht benutzt, macht er sich als Dekor an der Wand ebenso schön, wie er sich am Pizza-Abend nützlich macht.

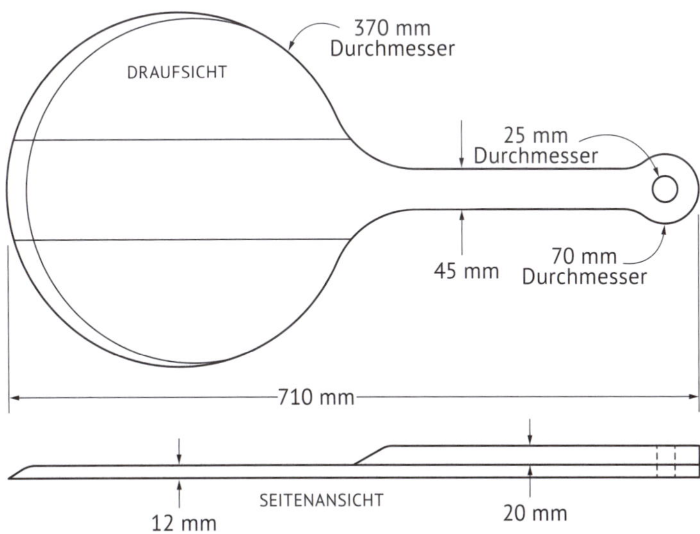

Die Arbeitszeichnung steht zur Verfügung auf: makesomething.tv/cuttingboards

Werkzeug und Hilfsmittel

- Gehrungssäge
- Zwingen
- Großer Zirkel oder Pizzateller als Schablone
- Bleistift
- Lacksprühdose als Schablone für Griff
- Bandsäge
- Tellerschleifmaschine
- Spindelschleifmaschine
- Elektrisches Multifunktionswerkzeug oder Raspel und Feile
- Bandschleifmaschine
- Handoberfräsentisch mit 20-mm-Abrundfräser
- Ständerbohrmaschine mit 25-mm-Bohrer
- Exzenterschleifmaschine
- Tischlerleim
- Lebensmittelechtes Oberflächenmittel

Material

- Außenstücke: 2 Stück Hickory, 12 x 135 x 380 mm
- Innenstück: 1 Stück Mahagoni, 12 x 95 x 760 mm
- Griff: 1 Stück Mahagoni, 20 x 95 x 380 mm

1 Material kaufen oder aushobeln. Sie können stärkeres Material auf 12 mm aushobeln oder fertiges Material in dieser Stärke bei Ihrem örtlichen Holzhändler kaufen.

2 Das Material begutachten. Die Kombination aus Mahagoni und Hickory verleiht diesem Werkstück ein ansprechendes Aussehen. Andere Laubhölzer von kontrastierendem Aussehen würden genauso gut funktionieren, solange sie keine schädlichen Stoffe enthalten.

3 Material grob zuschneiden. Längen Sie zuerst die beiden Außenstücke (Hickory) auf etwa 380 mm ab und das einzelne Innenstück (Mahagoni) auf etwa 760 mm.

4 Verleimen. Geben Sie Leim an die Kanten und spannen Sie die drei Stücke ein. Achten Sie darauf, dass die Kanten bündig sind und die Flächen fluchten. Mit Federklemmen an den Fugen kann man dafür sorgen, dass die Stücke sich nicht verschieben.

5 Einen Kreis anreißen. Sie können zum Anreißen einen großen Zirkel verwenden oder den Umriss anhand einer runden Backform aufzeichnen. Hier wird die Verwendung einer Pizzaform mit 370 mm Durchmesser als Schablone gezeigt.

6 Den Griff anreißen. Der gerade Teil des Griffs ist 45 mm breit. Den Übergang vom Griff zum runden Teil des Pizzaschiebers kann man freihändig zeichnen oder eine Dose, ein Glas oder eine große Unterlegscheibe als Schablone verwenden.

7 Das Griffende abrunden. Zeichnen Sie am Ende des Griffs einen weiteren Kreis an, indem Sie den Boden einer Lacksprühdose als Schablone verwenden. Zeichnen Sie auch hier einen allmählichen Übergang von dem Kreis zum geraden Teil des Griffs. Die Gesamtlänge des Pizzaschiebers sollte etwa 710 mm betragen.

8 **Die Form ausschneiden.** Schneiden Sie den Umriss des Schiebers mit der Bandsäge aus. Sägen Sie so dicht wie möglich am Riss entlang, ohne jedoch in ihn hinein oder über ihn hinaus zu schneiden. Die Form kann bei den folgenden Arbeitsschritten noch verfeinert werden.

9 **Kanten versäubern.** Schleifen Sie am Tellerschleifer bis zu den Bleistiftrissen an den konvexen Kanten des Schiebers.

10 Den Griff glätten. Die engen Innenkurven am Griff lassen sich gut mit dem Spindelschleifer glätten und harmonisieren.

11 Den Griff verstärken. Um den Griff etwas bequemer in der Hand liegen zu lassen, wird seine Stärke mit einem zweiten Stück Mahagoni vergrößert. Übertragen Sie dafür den Umriss des Griffs auf ein Stück 20 mm starkes Mahagoni.

12 Am Riss sägen. Schneiden Sie den Umriss der Griffaufdopplung an der Bandsäge aus. Sägen Sie auch hier so dicht am Riss wie möglich, ohne ihn zu berühren.

13 Übergang formen. Zeichnen Sie an dem Ende der Griffaufdopplung, die auf das große runde Teil des Pizzaschiebers trifft, eine Kurve, die harmonisch in den Umriss des großen Teils übergeht.

14 Verschnitt entfernen. Schneiden Sie (wieder an der Bandsäge) an der gezeichneten Kurve entlang, um den Verschnitt an dem Übergangsgebiet der Griffaufdopplung abzunehmen.

15 Übergang harmonisch gestalten. Schneiden Sie eine Verjüngung an der Griffaufdopplung an, um sie harmonisch in den runden Teil des Schiebers übergehen zu lassen. Diese Arbeit lässt sich gut mit einem Multifunktionswerkzeug durchführen, aber Raspel und Feile sind durchaus auch geeignet.

16 Verleimen. Geben Sie Leim an die Griffaufdopplung und spannen Sie sie am Griff des Pizzaschiebers an.

17 Glätten. Schleifen Sie alle Kanten am Spindelschleifer, wenn die Verleimung getrocknet ist. Alternativ können Sie auch mit Feile und Schleifpapier arbeiten.

18 Verjüngung anzeichnen. Wenn man den vorderen Rand des Schiebers verjüngt, gleitet er leichter unter die Pizza. Man kann die Hilfslinien für die Verjüngung freihändig anzeichnen: Ziehen Sie eine Linie, die am vordersten Teil etwa 25 mm vom Rand entfernt ist und zu den Seiten hin allmählich bis an den Rand reicht.

19 Verjüngung formen. Formen Sie die Vorderkante des Pizzaschiebers zu einem schönen Keil. Manuell geht das mit Feile und Schleifpapier, maschinell – sehr viel schneller – mit einer Bandschleifmaschine und 80er Schleifpapier.

20 Kanten am Griff abrunden. Runden Sie die Kanten am Griff des Schiebers mit einem 20-mm-Abrundfräser am Handoberfräsentisch ab. Es müssen nur die oberen Kanten des Griffs abgerundet werden. Die unteren Kanten am Griff und am runden Teil des Pizzaschiebers werden in Handarbeit nur geringfügig abgerundet oder gebrochen.

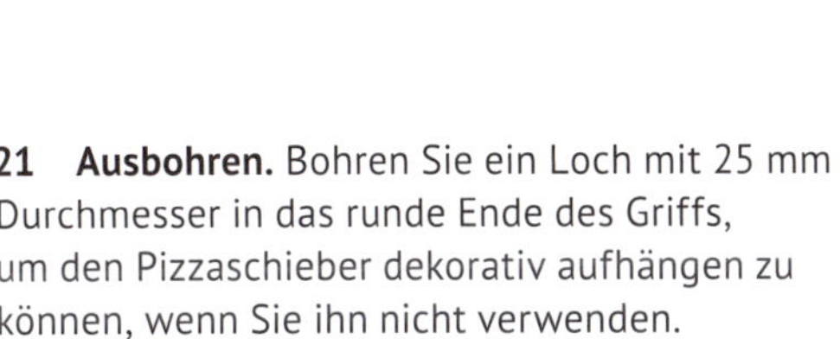

21 Ausbohren. Bohren Sie ein Loch mit 25 mm Durchmesser in das runde Ende des Griffs, um den Pizzaschieber dekorativ aufhängen zu können, wenn Sie ihn nicht verwenden.

22 Glatt schleifen. Schleifen Sie die Flächen mit einem Exzenterschleifer bis zu einer Körnung von 220. Achten Sie darauf, alle Übergänge harmonisch zu gestalten und alle scharfen Kanten zu brechen.

23 Oberfläche behandeln. Dieser Pizzaschieber wurde mit einer dicken Schicht eines lebensmitteltauglichem Oberflächenmittels behandelt, man kann aber durchaus auch andere lebensmitteltaugliche Oberflächenmittel verwenden. **Hinweise zur Oberflächenbehandlung von Schneidbrettern finden Sie auf S. 156.**

24 Nimm Dir ein Stück! Jetzt ist es an der Zeit, eine Pizza zu backen und den Pizzaschieber das erste Mal zu benutzen.

Restholz

Machen Sie das Beste aus Ihren Holzresten.

Wenn ich jemals in eine Holzwerkstatt kommen sollte, in der es nicht wenigstens eine Restholzkiste in der Ecke gibt, wird mir sofort klar sein, dass dies nur eine Dekoration für irgendein illegales Geschäft sein muss. Mit diesem Schneidbrett bietet sich Ihnen die perfekte Möglichkeit, Ihre Restekiste etwas zu leeren. Die Hirnholzfläche ist sehr schnittfest und fast selbstheilend. Und: Wenn Sie schon ein Brett anfertigen, machen Sie gleich eine Kleinserie daraus – dieser Entwurf ist perfekt als Geschenk geeignet.

Werkzeug und Hilfsmittel

- Kappsäge oder Tischkreissäge mit Gehrungsanschlag
- Zwingen
- Diktenhobel
- Zylinderschleifmaschine oder Exzenterschleifer
- Handoberfräse mit 45°-Fasefräser oder Abrundfräser
- Tischlerleim
- Lebensmittelechtes Oberflächenmittel
- 4 Gummifüße mit Edelstahlschrauben

Material

- Restholz in verschiedenen Breiten, 38 mm stark, 500 mm lang

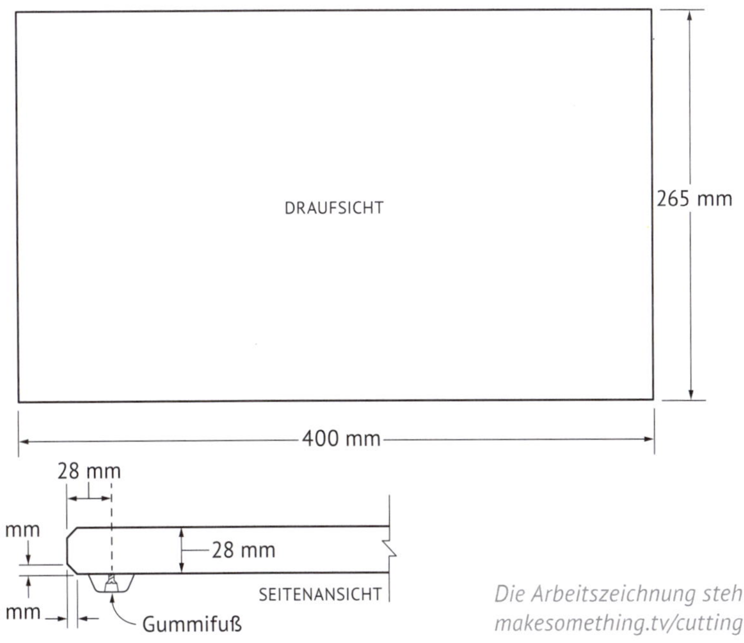

Die Arbeitszeichnung steht zur Verfügung auf: makesomething.tv/cuttingboards

1 Werkstatt aufräumen. Jetzt ist es endlich an der Zeit, den Eimer (den Kasten, die Kiste, den Schrank, den Schuppen ...), in dem Sie die Holzreste sammeln, zu leeren und das Material einzusetzen. Stellen Sie eine Sammlung von Brettern zusammen, die sich in Farbe und Maserung unterscheiden. Die Bretter, die im Bild zu sehen sind, reichen aus, um zwei verschiedene Schneidbretter herzustellen. Wenn man genug Material für mehrere Bretter vorbereitet, hat man größere Gestaltungsfreiheit bei der Zusammenstellung der Einzelteile.

2 **Material auf Länge schneiden.** Schneiden Sie zuerst das Material an der Kappsäge oder an der Tischkreissäge mit Gehrungsanschlag auf 500 mm Länge.

3 **Auf Breite sägen.** Schneiden Sie alle diese Bretter an der Tischkreissäge auf eine einheitliche Breite von 38 mm. Verwenden Sie einen Schiebestock, damit das Material dicht am Anschlag anliegt und Ihre Hände nicht in die Nähe des Sägeblatts geraten.

4 **Leisten auslegen.** Ordnen Sie die Leisten in einem zufälligen Muster an. Wechseln Sie die Holzarten ab, um Kontraste zu erzielen oder Ihren Launen zu folgen. Im Bild sieht man eine Anordnung für zwei Schneidbretter.

5 **Verleimen.** Geben Sie eine dünne Schicht Leim auf die inneren Kanten und spannen Sie alle Leisten mit Zwingen zusammen.

6 Aushobeln. Lassen Sie den Leim trocknen und bearbeiten Sie dann den verleimten Rohling in der Dicktenhobelmaschine. Achten Sie darauf, beide Seiten zu hobeln, damit Sie eine gleichmäßige Stärke erzielen und beide Flächen glatt sind.

7 Rohling zerteilen. Schneiden Sie den Rohling an der Tischkreissäge mit einem Ablängschlitten oder Gehrungsanschlag zu 30 mm breiten Streifen. Sie können die Streifen auch breiter sägen, falls Sie ein stärkeres Schneidbrett herstellen wollen.

8 Bretter zusammenstellen. Jetzt können Sie die Streifen wieder zusammenleimen. Achten Sie auf eine zufällige Anordnung und darauf, dass das Hirnholz nach oben weist. Falls Sie zwei Schneidbretter herstellen, können Sie Streifen zwischen den beiden austauschen, um die Anordnung noch willkürlicher zu machen.

9 Eben schleifen. Der Diktenhobel ist nicht gut geeignet, um Hirnholz zu bearbeiten. Schleifen Sie deshalb beide Flächen des Schneidbretts bis sie eben und glatt sind. Mit einer Zylinderschleifmaschine ist die Arbeit schnell erledigt, aber der Exzenterschleifer ist eine gute Alternative.

10 Rechtwinklig zuschneiden. An der Tischkreissäge kann man das Schneidbrett rechtwinklig zuschneiden und dabei gleichzeitig an den Kanten ausgetretenen Leim beseitigen.

11 Kanten die Schärfe nehmen. Rüsten Sie die Handoberfräse mit einem 45°-Fasefräser aus, und brechen Sie die Kanten an der Ober- und Unterseite, indem Sie eine Fase anfräsen. Falls Sie es wünschen, können Sie mit einem Abrundfräser auch runde Kanten anbringen.

12 Glatt schleifen. Schleifen Sie sowohl die Kanten als auch die Flächen der Schneidbretter. Arbeiten Sie sich durch sukzessiv feiner werdende Körnungen bis zur 220er.

13 Oberfläche behandeln. Tragen Sie ein Oberflächenmittel nach Wahl mit einem Tuch auf. Hinweise zur Oberflächenbehandlung von Schneidbrettern finden Sie auf S. 156.

14 Gummifüße anbringen. Einfache Gummifüße heben das Schneidbrett vom Küchentresen und wirken dem Verrutschen des Bretts entgegen, wenn man darauf arbeitet. Verwenden Sie auf jeden Fall Edelstahlschrauben zur Befestigung, um Rostbildung entgegenzuwirken.

Über den Tellerrand hinaus

Dieser clevere und widerstandsfähiger Entwurf ist ein echtes Arbeitspferd in der Küche.

Ich stelle sehr gerne Küchenutensilien aus Bambusholz her. Es verträgt den Kontakt mit Wasser gut und Messerschnitte hinterlassen kaum sichtbare Spuren. Da es als Plattenmaterial angeboten wird, ist es auch leicht in der Werkstatt zu verarbeiten. Dieser Entwurf ist schlicht, macht sich in der Küche aber unendlich nützlich. Das Brett selbst ist angehoben, und eine Kante ist eingebuchtet, sodass man einen Teller unter die Kante schieben kann, um Geschnittenes aufzunehmen.

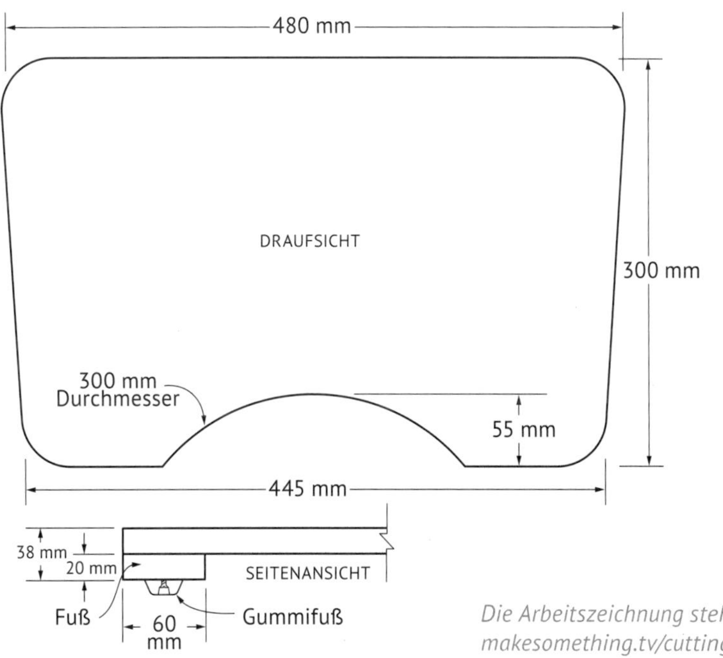

Die Arbeitszeichnung steht zur Verfügung auf: makesomething.tv/cuttingboards

Werkzeug und Hilfsmittel

- Kapp- und Gehrungssäge oder Tischkreissäge mit Ablängschlitten oder Gehrungsanschlag
- Lineal
- Bleistift
- Bandsäge
- Sprühlackdose oder anderer runder Gegenstand, um runde Ecken anzuzeichnen
- Essteller, 28 cm Durchmesser
- Tellerschleifmaschine
- Spindelschleifmaschine
- Tischlerleim
- Lebensmittelechtes Oberflächenmittel
- 4 Gummifüße mit Edelstahlschrauben

Material

- Schneidbrett: Bambus-Sperrholz, 20 x 300 x 480 mm
- Füße: 4 Stck. Bambus-Sperrholz, 20 x 75 x 75 mm

1 Material auf Größe schneiden. Sägen Sie eine 300 mm breite Bambusplatte auf 480 mm Länge zu. Die Arbeit können Sie entweder an einer Kapp- und Gehrungssäge oder an der Tischkreissäge mit einem Ablängschlitten oder Gehrungsanschlag ausführen.

2 Trapez ausmessen. Messen Sie an der Unterkante 20 mm von den beiden Seiten nach innen und markieren Sie diese beiden Stellen mit dem Bleistift.

3 Schmalkanten anreißen. Verwenden Sie ein Lineal, um von diesen beiden Punkten mit dem Bleistift jeweils eine Linie zur benachbarten Ecke an der Schmalkante zu ziehen.

4 Schrägen schneiden. Sägen Sie mit der Bandsäge an den beiden Rissen entlang, um den Verschnitt an den Schmalkanten abzunehmen. Die Schnitte lassen sich auch an der Tischkreissäge mit Gehrungsanschlag ausführen.

5 Abgerundete Ecken anreißen. Verwenden Sie eine Sprühdose oder etwas Ähnliches als Schablone, um die Rundungen an den Ecken anzureißen.

6 Rundungen schneiden. Nehmen Sie an der Bandsäge den Verschnitt an allen vier abgerundeten Ecken ab.

7 Teller auflegen. Verwenden Sie einen 28-cm-Essteller als Schablone, um mittig an der unteren Längskante einen Kreisbogen anzureißen.

8 Kreisbogen modifizieren. Zeichnen Sie freihändig einen Kreisbogen, der etwas größer ist, als der vom Teller übernommene, um die Tatsache zu berücksichtigen, dass sich der Teller weiter unter das fertige Schneidbrett schieben lassen wird.

9 Einbuchtung aussägen. Schneiden Sie an der Bandsäge den freihändig gezeichneten größeren Kreisbogen aus.

10 Füße anreißen. Verwenden Sie die gleiche Schablone wie in Schritt 5, um vier Kreise für die Füße des Schneidbretts anzureißen.

11 Füße ausschneiden. Schneiden Sie an der Bandsäge so dicht wie möglich an den Rissen entlang, jedoch ohne in sie hineinzusägen.

12 Abrunden. Schleifen Sie bei allen vier Füßen an der Tellerschleifmaschine bis an den Riss.

13 Füße anbringen. Leimen Sie die Füße an die Unterseite des Schneidbretts und setzen Sie Zwingen an. Die Kanten der Füße sollten mit den Kanten des Bretts bündig abschließen. Die endgültige Form wird im nächsten Schritt herausgearbeitet.

14 Kanten bündig schleifen. Glätten Sie an der Tellerschleifmaschine oder manuell mit einem Schleifklotz die geraden Kanten des Bretts und schleifen Sie die Füße mit den abgerundeten Ecken des Bretts bündig.

15 Rundungen glätten. Mit der Spindelschleifmaschine lässt sich die Ausbuchtung für den Teller an der Unterkante des Schneidbretts gut glatt schleifen. Alternativ kann man auch ein Stück Schleifpapier um ein stärkeres Rundholz wickeln und manuell schleifen.

16 Abschließend schleifen. Schleifen Sie mit dem Exzenterschleifer die obere und untere Fläche des Schneidbretts bis zu einer Körnung von 220.

17 Oberflächenmittel auftragen. Das gezeigte Brett wurde mit einer Mischung aus Öl und Wachs behandelt, Sie können aber ein lebensmittelechtes Mittel Ihrer Wahl verwenden. Hinweise zur Oberflächenbehandlung von Schneidbrettern finden Sie auf S. 156.

18 Für Haftung sorgen. Wenn das Oberflächenmittel trocken ist, können Sie Gummifüße auf der Unterseite des Schneidbretts anbringen. Die Gummifüße helfen, das Brett zu stabilisieren und heben es weit genug über die Fläche, auf der es steht, um einen Teller darunter schieben zu können. Verwenden Sie Edelstahlschrauben zur Befestigung, damit sich kein Rost bildet.

Über dem Spülbecken

Ein Entwurf, der zwei Zwecke erfüllt.

Mit diesem Schneidbrett können Sie nicht nur Ihr Gemüse schneiden, Sie können es auch gleich abspülen. Die Gestaltung ist einfach, lässt sich aber auf Maß für Ihre Küche abwandeln; die Herstellungszeit beträgt nur wenige Stunden. Allerdings sollten Sie den Durchschlag kaufen, bevor Sie den runden Ausschnitt sägen und die Gesamtabmessungen auf die Größe Ihres Spülbeckens anpassen.

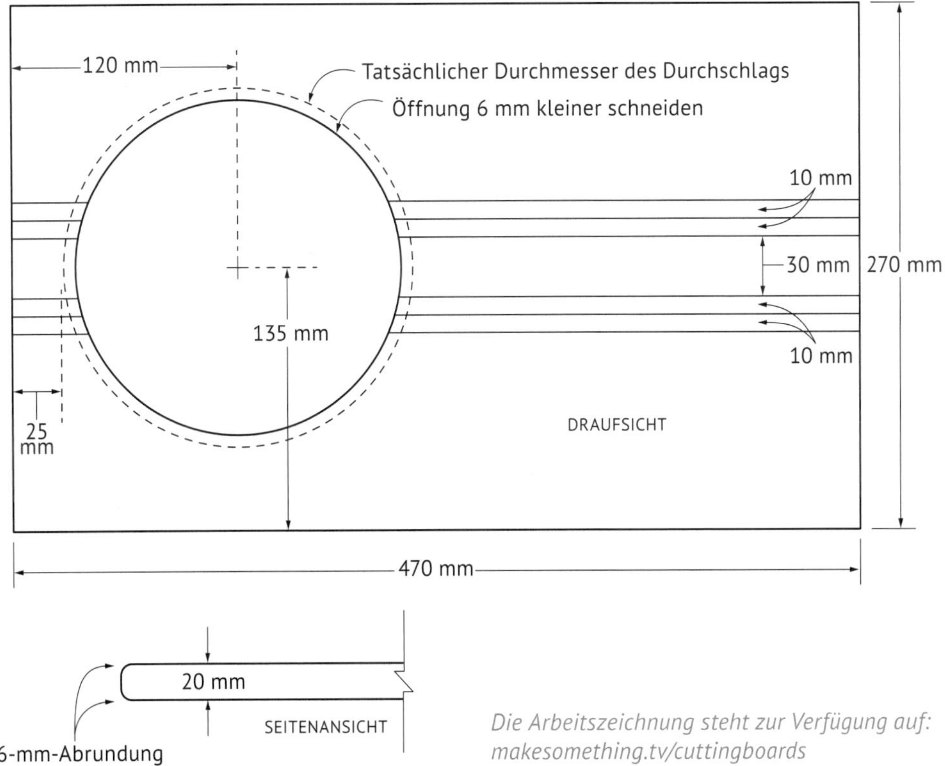

Die Arbeitszeichnung steht zur Verfügung auf: makesomething.tv/cuttingboards

Werkzeug und Hilfsmittel

- Tischkreissäge
- Zwingen
- Diktenhobelmaschine
- Bleistift
- Bohrmaschine
- Elektrische Stichsäge mit Holzsägeblatt
- Spindelschleifmaschine oder um eine Rundstange gewickeltes Schleifpapier
- Handoberfräse mit 6-mm-Falzfräser und 6-mm-Abrundfräser
- Lackdose oder anderer runder Gegenstand als Schablone für die Eckengestaltung
- Bandsäge oder elektrische Stichsäge
- Exzenterschleifer
- Tischlerleim
- 190 mm Durchschlag (oder andere Größe nach Wahl) aus Edelstahl
- Lebensmittelechtes Oberflächenmittel

Material

- Äußere Streifen: 2 Stück amerikanische Roteiche, 20 x 100 x 470 mm (Breite kann in Abhängigkeit von Ihrem Spülbecken variieren)
- Schmale Akzentstreifen: 2 Stück Bubinga, 20 x 10 x 470 mm
- Schmale Eichenstreifen: 2 Stück amerikanische Roteiche, 20 x 10 x 470 mm
- Mittlere Akzentstreifen: 1 Stück Bubinga, 20 x 30 x 470 mm

1 Material auf Länge schneiden. Das Schneidbrett besteht zum größten Teil aus amerikanischer Roteiche. Sie können auch europäisches Eichenholz verwenden. Ich benutze 20 mm starkes Material aus dem Baumarkt. Schneiden Sie Ihr Material auf 470 mm Länge.

2 Kontrastholz zuschneiden. In diesem Beispiel wird Bubinga für die Zierstreifen verwendet. Es ist ein gutes Kontrastholz für die Eiche, aber Nussbaum oder ein anderes dunkles Holz würden den gleichen Zweck erfüllen. Schneiden Sie es auf 470 mm Länge.

3 Mittelstreifen zuschneiden. Schneiden Sie das Kontrastholz an der Tischkreissäge zu einem 30 mm breiten Streifen. Bei solchen Schnitten sollte man an der Tischkreissäge einen Schiebeklotz verwenden.

4 Eichenholz aufteilen. Schneiden Sie die beiden Außenstreifen aus Eiche auf 100 mm Breite. Je nach den Abmessungen Ihres Spülbeckens können Sie dieses Maß variieren.

5 Schmale Eichenstreifen zuschneiden.
Die Akzentstreifen aus Bubinga werden durch schmale Eichenstreifen voneinander getrennt. Schneiden Sie diese auf 10 mm Breite zu.

6 Schmale Akzentstreifen schneiden.
Lassen Sie den Parallelanschlag auf 10 mm eingestellt und schneiden Sie zwei Streifen des Akzentholzes zu.

7 Bestandteile zurechtlegen. Sie sollten jetzt sieben Teile für die Verleimung haben:
Äußere Streifen, Eiche, 100 x 470 mm (x 2)
Schmale Akzentstreifen, Bubinga, 10 x 470 mm (x 2)
Schmale Eichenstreifen, Eiche, 10 x 470 mm (x 2)
Mittlere Akzentstreifen Bubinga, 30 x 470 mm (x 1)

8 Verleimen. Verwenden Sie einen wasserfesten Tischlerleim, um alle Bestandteile miteinander zu verleimen. Sie können zwar später noch nacharbeiten, sollten sich aber dennoch bemühen, schon jetzt eine fluchtende Oberfläche und bündige Kanten zu erreichen.

9 Aushobeln. Wenn der Leim trocken ist, wird der Rohling in der Diktenhobelmaschine abgerichtet. Nehmen Sie nur so viel Material ab, wie unbedingt notwendig, da dünnere Schneidbretter sich im Laufe der Zeit oft verziehen, wenn sie feucht werden.

10 Ablängen. Schneiden Sie mit dem Gehrungsanschlag an der Tischkreissäge eine Hirnholzkante des Rohlings rechtwinklig zu. Schneiden Sie dann die andere Kante rechtwinklig zu, um eine Gesamtlänge von 470 mm zu erreichen.

11 Umriss des Durchschlags übertragen. Richten Sie den Edelstahldurchschlag an einem Ende des Rohlings mittig aus, und übertragen Sie den Umriss auf das Holz. Der Durchschlag in diesem Beispiel hat einen Durchmesser von 190 mm, sie sind jedoch in vielen unterschiedlichen Größen zu erhalten. Wählen Sie einen, der Ihren Vorstellungen entspricht.

12 Inneren Kreis anzeichnen. Zeichnen Sie im Abstand von 6 mm einen zweiten Kreis innerhalb des Umrisses des Durchschlags. Wenn Sie an dieser Linie entlang sägen, können Sie sicher sein, dass der Durchschlag nicht durch die Öffnung fällt.

13 Loch vorbohren. Bohren Sie ein Loch mit 12 mm Durchmesser (oder einer anderen Größe, die ausreicht, das Blatt Ihrer Stichsäge aufzunehmen) innerhalb des inneren Kreises auf dem Rohling.

14 Ausschneiden. Setzen Sie das Blatt der Stichsäge in dem vorgebohrten Loch an und sägen Sie so dicht wie möglich an der kleineren Kreislinie entlang.

15 Verputzen. Glätten Sie den Sägeschnitt mit der Spindelschleifmaschine oder einem Stück Schleifpapier, das Sie um eine Rundstange gewickelt haben.

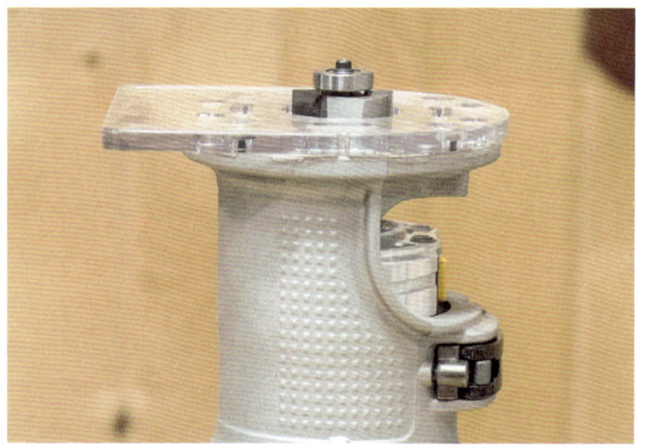

16 Handoberfräse aufrüsten. Spannen Sie einen 6-mm-Falzfräser in die Handoberfräse ein und stellen Sie die Schnitttiefe auf 6 mm ein.

17 Falz anfräsen. Schneiden Sie mit dem Falzfräser im Uhrzeigersinn einen Falz am Rand des runden Lochs an. Auf dieser Lippe kann dann der Durchschlag aufliegen, ohne über die Oberfläche des Schneidbretts hinauszuragen.

18 Abrunden. Verwenden Sie eine Lackdose oder einen anderen runden Gegenstand, um die abgerundeten Ecken des Schneidbretts anzureißen.

19 Ecken rund schneiden. Nehmen Sie mit der Bandsäge oder Stichsäge den Verschnitt an den Ecken des Schneidbretts ab.

20 Kanten verputzen. Die runden Ecken lassen sich am Tellerschleifer leicht verputzen, aber ein Stück Schleifpapier und ein Schleifklotz funktionieren auch gut.

21 Kanten abrunden. Spannen Sie einen 6-mm-Abrundfräser in die Handoberfräse ein und runden Sie die äußeren Kanten des Schneidbretts ab. Sie können die Handoberfräse dabei frei führen oder wie hier im Bild in einem Handoberfräsentisch installieren.

22 Glatt schleifen. Schleifen Sie alle Kanten und Flächen manuell oder mit einem Exzenterschleifer bis zu einer Körnung von 220.

23 Oberflächenmittel auftragen. Einige Schichten Öl mit Wachs ergeben eine schöne, lebensmittelechte Oberfläche. Hinweise zur Oberflächenbehandlung von Schneidbrettern finden Sie auf S. 156.

Mise en place

Schneidbrett mit Zutaten-Sortierhilfe.

Die vier kleinen Schüsseln, die in dieses Brett eingelassen sind, machen es ideal für Vorbereitungsarbeiten beim Essen: Man kann die Zutaten gleich nach dem Zerkleinern getrennt aufbewahren. Es besteht aus Bambussperrholz und ist so massiv, dass es jahrelang halten wird. Achten Sie darauf, die Größe der Löcher auf Ihre Schüsseln abzustimmen.

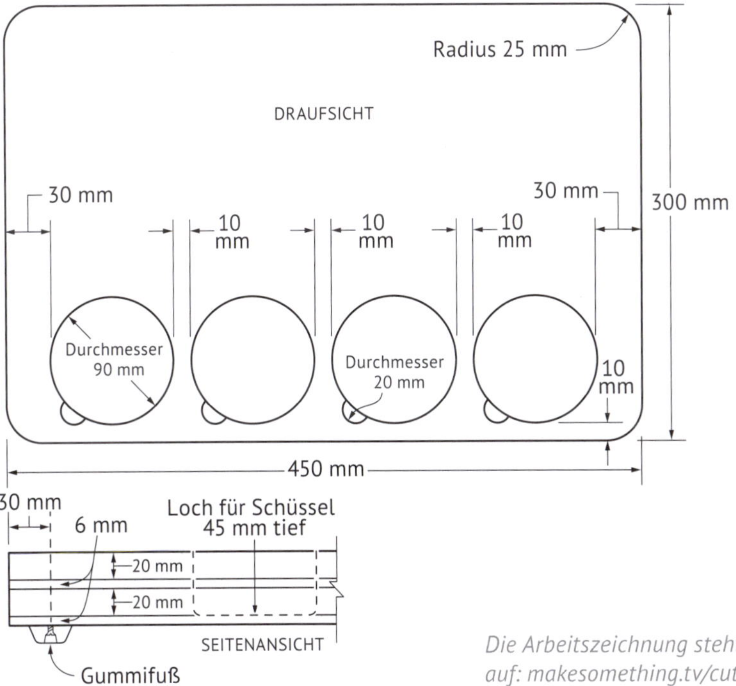

Die Arbeitszeichnung steht zur Verfügung auf: makesomething.tv/cuttingboards

Werkzeug und Hilfsmittel

- Tischkreissäge
- Kapp- und Gehrungssäge
- Zwingen
- Zirkel
- Lineal
- Bohrmaschine
- Schrauben
- Ständerbohrmaschine
- 90-mm-Lochsäge
- 20-mm-Bohrer
- Spindelschleifmaschine oder um eine Rundstange gewickeltes Schleifpapier
- Bandsäge
- Exzenterschleifer
- Tischlerleim
- 4 Schüsseln
- Lebensmitteltaugliches Oberflächenmittel
- 4 Gummifüße mit Edelstahlschrauben

Material

- Hauptteile: 2 Stück Bambussperrholz, 20 x 300 x 450 mm
- Akzentschichten: 2 Stück Mahagoni, 6 x 300 x 450 mm

1 **Bambus auf Maß schneiden.** Sägen Sie das Bambussperrholz zuerst an der Tischkreissäge auf 300 mm Breite. Schneiden Sie dann zwei Stück Bambus auf Länge, entweder an der Kapp- und Gehrungssäge oder mit einem Ablängschlitten an der Tischkreissäge.

2 **Das Akzentholz vorbereiten.** Die Karamelltönung des Mahagonis ergänzt die warme Farbe des Bambusholzes. Schneiden Sie die Akzentschichten aus 6 mm starkem Maß auf eine Länge von 450 mm zu.

3 **Mittleren Akzentstreifen verleimen.** Hobeln Sie genug Mahagoni zu, um eine 300 mm breite und 6 mm starke Platte herstellen zu können. Geben Sie Leim an die Kanten und setzen Sie Zwingen an, um die Platte zu verleimen.

4 Löcher für die Schüsseln anreißen. Messen Sie den Durchmesser Ihrer Schüsseln und reißen Sie die Lage der entsprechenden Löcher auf einer der Bambusplatten an: Reißen Sie eine Linie in 50 mm Entfernung von einer Längskante der Platte an, und markieren Sie darauf mit dem Zirkel die Kreislöcher, wie in der Arbeitszeichnung auf S. 65 zu sehen.

5 Fingerlöcher bohren. Bevor Sie die Löcher für die Schüsseln bohren, werden noch die Fingerlöcher in die obere Bambusschicht gebohrt. Der Mittelpunkt dieser 20-mm-Bohrlöcher liegt jeweils genau auf dem Umfang der größeren Kreise und in 25 mm Entfernung von deren oberstem Punkt.

6 Die Schichten zusammenschrauben. Spannen Sie die beiden Bambusschichten und die Akzentschicht aus Mahagoni zusammen, geben Sie jedoch keinen Leim an. Drehen Sie Schrauben an den vier Ecken ein, um alles zusammenzuhalten.

7 Große Löcher bohren. Spannen Sie eine 90-mm-Lochsäge in Ihre Ständerbohrmaschine ein und bohren Sie Löcher an den vier auf der oberen Bambusschicht markierten Mittelpunkten. Unterbrechen Sie das Bohren nach jeder Schicht, um den Verschnitt aus der Lochsäge zu entfernen.

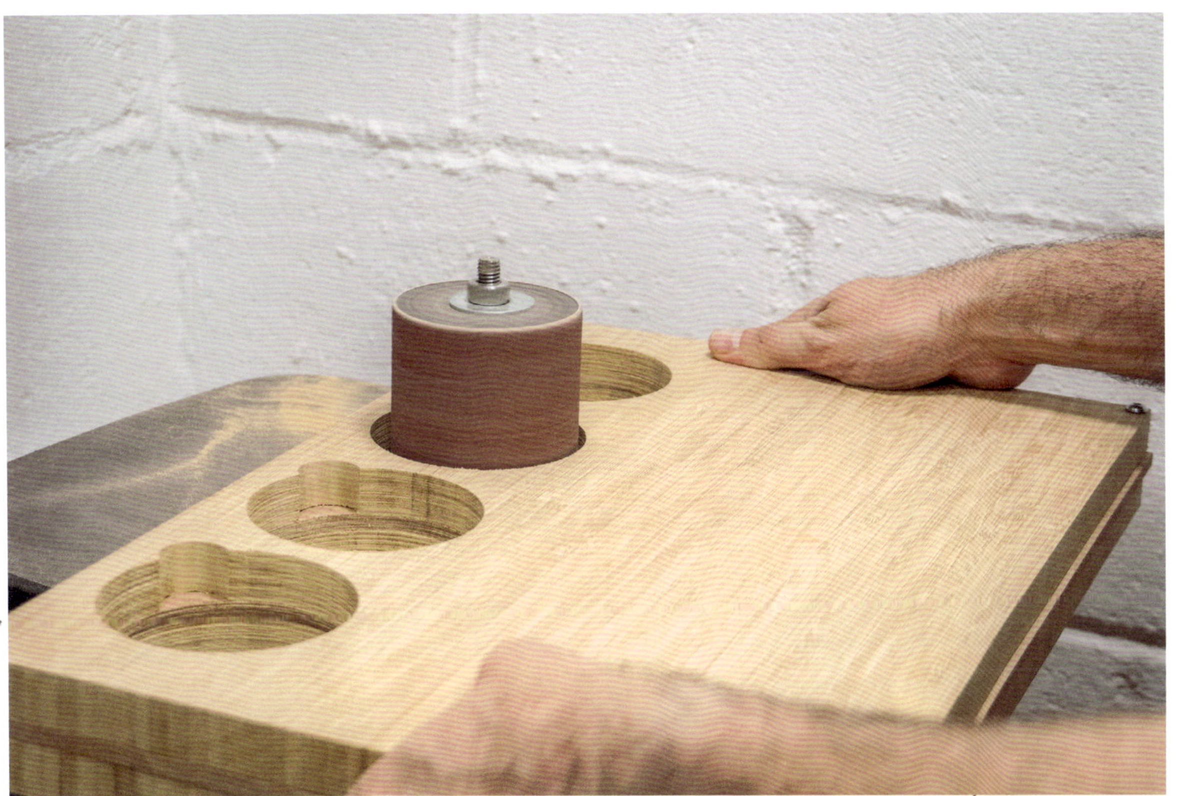

8 Innenkanten glatt schleifen. Schleifen Sie die Innenkanten der großen Löcher nach dem Bohren an der Spindelschleifmaschine oder mit Schleifpapier, das Sie um ein Stück Rundstange gewickelt haben.

9 Schichten verleimen. Entfernen Sie die vier Schrauben, die Sie zur provisorischen Befestigung eingedreht hatten, und geben Sie eine dünne Leimschicht auf jede der Holzlagen. Schrauben Sie die Holzlagen durch die gleichen Schraublöcher wieder zusammen, damit sie perfekt aneinander ausgerichtet sind. Setzen Sie zusätzlich noch Zwingen an und lassen Sie den Rohling einige Stunden trocknen.

10 Untere Akzentschicht herstellen. Verleimen Sie eine zweite Mahagoniplatte mit den Maßen 450 x 300 mm als untere Akzentschicht für das Schneidbrett.

11 Akzentschicht anbringen. Geben Sie Leim an die untere Akzentschicht und spannen Sie die Montage mit Zwingen ein.

12 Kanten versäubern.
Schneiden oder schleifen Sie alle vier Kanten, um überall klare, scharfe Kanten zu erhalten.

13 Ecken anreißen. Verwenden Sie eine der Schüsseln als Schablone, um die Abrundung der Ecken anzureißen.

14 Ecken abrunden. Sägen Sie mit der Bandsäge den Verschnitt an den vier Ecken des Schneidbretts ab.

15 Glatt schleifen. Mit einem Exzenterschleifer sind die Kanten und Flächen des Schneidbrettes schnell glatt geschliffen. Arbeiten Sie sich durch immer feiner werdende Körnungen bis zu einem 220er Papier.

16 Oberfläche behandeln. Für dieses Schneidbrett habe ich eine Mischung aus Öl und Wachs verwendet, aber jedes andere lebensmittelechte Oberflächenmittel tut es auch. Hinweise zur Oberflächenbehandlung von Schneidbrettern finden Sie auf S. 156.

17 Anheben. Befestigen Sie an allen vier Ecken der Unterseite des Schneidbretts Gummifüße. Verwenden Sie dafür Edelstahlschrauben, um Rostbildung zu verhindern.

Käsebrett und Messer

Ein einmaliges rustikales Set aus wiederverwertetem Holz.

Das Brett von einer hundert Jahre alten Scheune, das ich für dieses Käsebrett verwendet habe, gehört zu den kleinen, aber einzigartigen Stücken, die auf eine Geschichte zurückblicken können. Das Alter und die Patina des Holzes sollten für sich selbst sprechen, das wird durch die Baumkante noch unterstützt. Das Brett selbst ist sehr schlicht, aber in Verbindung mit einem Holzmesser aus demselben Rohmaterial ergibt sich ein schönes einmaliges Set, das geradezu darum bittet, angefasst zu werden. Man sollte bei altem oder unbehandeltem Holz jedoch immer darauf achten, alle Löcher und Risse zu füllen, damit sich keine Bakteriennester bilden können.

Werkzeug und Hilfsmittel

- Kapp- und Gehrungssäge
- Ständerbohrmaschine
- 38-mm-Bohrer
- Bleistift
- Bandsäge
- Stechbeitel
- Zweikomponentenkleber
- Lebensmitteltaugliches Oberflächenmittel

Material

- Käsebrett: 1 Brett mit Baumkante, etwa 20 x 190 x 440 mm
- Messer: 1 Reststück Laubholz, 10 x 22 x 160 mm

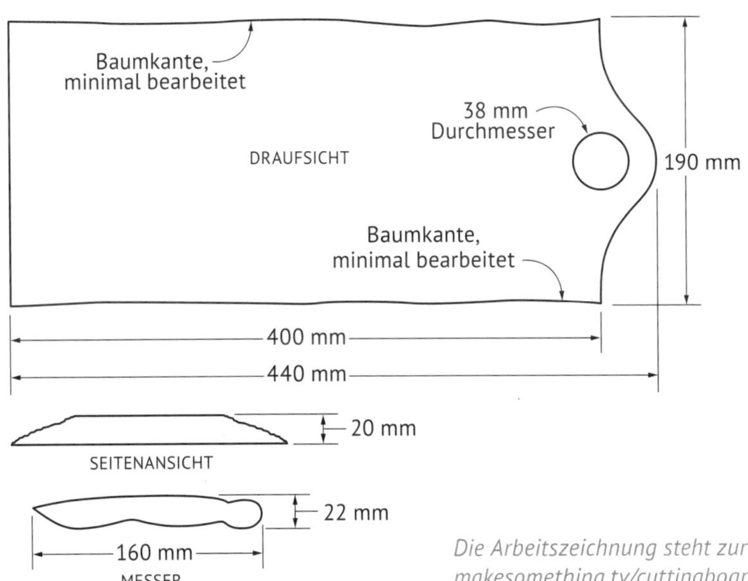

Die Arbeitszeichnung steht zur Verfügung auf: makesomething.tv/cuttingboards

1 Das richtige Brett finden. Um ein ansprechendes Käse-Set herzustellen, sollte man ausdrucksstarkes Material wie dieses Eichenbrett mit Baumkante wählen, das als Verschalung an einer Scheune angebracht war. Da es beim Rundschnitt als Außenbrett geschnitten wurde, zeigt sich an den Außenkanten die typische Rundung der Baumaußenseite.

2 Ablängen. Die Gesamtbreite des Käsebretts beträgt 190 mm. Vergewissern Sie sich, dass die Baumkante sicher am Anschlag der Säge anliegt, bevor Sie das Material auf dieses Maß zuschneiden.

3 Loch bohren. Bohren Sie in ein Ende des Bretts ein Loch mit 38 mm Durchmesser, das sowohl als Griff dient, wenn man das Käsebrett verwendet, als auch die Möglichkeit bietet, es aufzuhängen, wenn es nicht in Gebrauch ist.

4 Form freihändig zeichnen. Da es sich um ein Brett mit Baumkante handelt, gibt es keinen Grund, alles genau im rechten Winkel oder genau symmetrisch zuzuschneiden. Eine einfache geschwungene Kante um das Griffloch kann man deshalb auch freihändig anzeichnen.

5 Ausschneiden. Sägen Sie die freihändig gezeichnete Linie am Ende des Bretts an der Bandsäge aus. Legen Sie die breite ebene Seite des Bretts auf dem Arbeitstisch der Bandsäge auf, damit das Brett während des Schnitts stabil liegt.

6 Ende anfasen. Um die Neigung der Baumkante des Bretts wieder aufzunehmen, wird mit dem Stechbeitel eine etwa 6 mm breite Fase am Griffende des Bretts angearbeitet.

7 Alle Fehlstellen auffüllen. Da ich ein wiederverwertetes Holz mit Fehlstellen verwende, fülle ich alle Löcher und Risse mit Epoxidharz. Tauchen Sie dazu einen Bleistift in den Kleber und tropfen Sie ihn in die Löcher. Die Löcher müssen gefüllt werden, um zu verhindern, dass sich dort Bakterien ansiedeln und vermehren.

8 Kante stabilisieren. Die Holzkante kann im Laufe der Zeit durch Abnutzung absplittern. Tragen Sie eine Schicht Epoxidharz mit dem Pinsel auf, um sie zu stabilisieren.

9 Messerumriss zeichnen. Zeichnen Sie freihändig den Umriss des Messers auf ein kleines Reststück des gleichen Holzes. Sie können ein schlichtes Essmesser als Vorlage verwenden oder von Grund auf einen eigenen Entwurf gestalten.

10 Umriss aussägen. Schneiden Sie an der Bandsäge den Umriss des Messers aus. Die Form des Messers ist nicht strikt vorgegeben, aber versuchen Sie dennoch, der gezeichneten Linie so genau wie möglich zu folgen. Da das Werkstück sehr klein ist, müssen Sie besonders vorsichtig arbeiten und sicherstellen, dass Ihre Finger nicht in die Nähe des Sägeblatts geraten.

11 Auf Stärke schneiden. Stellen Sie den Messerrohling auf die Hinterkante seines Griffs und schneiden Sie es auf die gewünschte Stärke. Das Griffende sollte etwas stärker sein, um bequem in der Hand zu liegen, das Schneidenende etwas dünner.

12 Glatt schleifen. Geben Sie dem Messer mit dem Exzenterschleifer oder mit Schleifpapier seine endgültige Form. Im Bild sind zwei Messer zu sehen, weil ich gleichzeitig zwei der Käse-Sets herstelle. Sie eignen sich gut für die Fertigung als Kleinserie.

13 Oberfläche behandeln. Dieses Exemplar des Käsebretts wurde mit einer Mischung aus lebensmitteltauglichem Öl und Wachs behandelt, Sie können aber jedes Oberflächenmittel Ihrer Wahl verwenden. Hinweise zur Oberflächenbehandlung von Schneidbrettern finden Sie auf S. 156.

Hirnholz

Ein Schneidbrett, das hält.

Schneidbretter aus Hirnholz sind so konstruiert, dass sie jahrelanger starker Beanspruchung standhalten. Sie sind selbstheilend und auf der Oberfläche bleiben nur selten Messerspuren sichtbar. Sie schonen auch die Messerschneiden, sodass man seine Messer nicht so oft schärfen muss. Mit der Maserung auf den Hirnholzklötzen kann man vielfältige Muster schaffen. Mir gefällt auch der Gegensatz zwischen einer hellen Mitte aus Ahorn und dem dunkleren Rand aus Nussbaum.

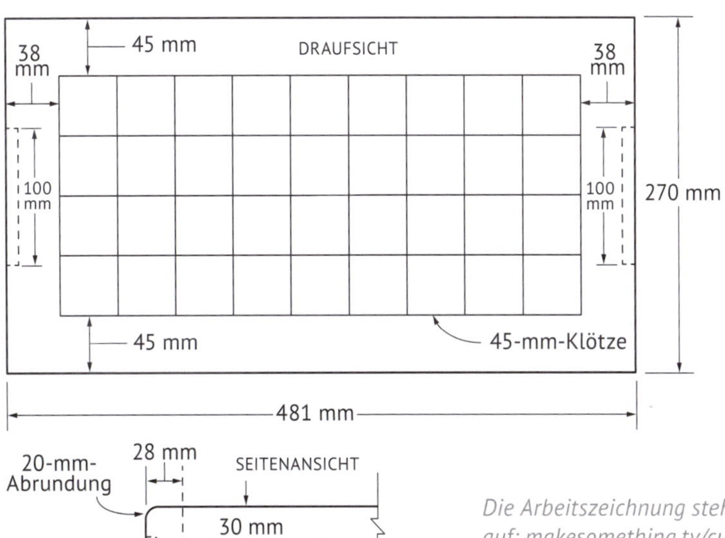

Die Arbeitszeichnung steht zur Verfügung auf: makesomething.tv/cuttingboards

Material und Hilfsmittel

- Diktenhobelmaschine
- Tischkreissäge mit Ablängschlitten oder Gehrungsanschlag
- Zwingen
- Handoberfräsentisch mit 20-mm-Abrundfräser und Hohlkehlfräser
- Exzenterschleifer
- Tischlerleim
- Lebensmitteltaugliches Oberflächenmittel
- 4 Gummifüße mit Edelstahlschrauben

Material

- 1 Stück Ahorn, 50 x 190 x 500 mm
- 1 Stück Nussbaum, 20 x 150 x 500 mm

1 **Material auf Stärke hobeln.** Bei der Herstellung eines Hirnholzschneidbretts ist es entscheidend, von Material auszugehen, das genau die gleiche Stärke hat. Schneiden Sie im Zweifelsfall lieber ein paar Reservestücke zu – später ist es schwierig, neues Material wieder genau auf die gleiche Stärke zu hobeln.

2 **Das gesamte Material gleichzeitig auf Stärke bringen.** Nehmen Sie abwechselnd vom Ahorn und vom Nussbaum Material ab, und verringern Sie die Stärkeeinstellung am Hobel erst dann, wenn beide Bretter gehobelt worden sind.

3 **Auf Breite sägen.** Stellen Sie die Tischkreissäge so ein, dass die Breite der Kanthölzer genau ihrer Stärke entspricht. Schneiden Sie dann alle Bretter auf Breite.

4 Das Kontrastholz vorbereiten. Sägen Sie auch das Nussbaummaterial auf Breite, bevor Sie die Einstellung des Parallelanschlags an der Tischkreissäge verändern.

5 Ablängen. Schneiden Sie die Ahornkanthölzer an der Tischkreissäge mit einem Ablängschlitten oder dem Gehrungsanschlag auf 500 mm Länge.

6 Ahornkanthölzer verleimen. Geben Sie eine dünne Schicht Leim an die benachbarten Flächen und spannen Sie dann vier der Ahornkanthölzer ein.

7 **Das Nussbaummaterial vorbereiten.** Sägen Sie die Nussbaumkanthölzer zu Einzelstücken mit 30 mm Länge. Bringen Sie einen Anschlag am Ablängschlitten oder Gehrungsanschlag an, um eine gleichmäßige Breite zu erreichen. Denken Sie daran, den Abschlag zu entfernen, bevor Sie sägen.

8 **Verleimen.** Leimen Sie vier Randstücke aus Nussbaum zusammen – zwei kurze und zwei lange Stücke. Um die Verleimung einfacher zu gestalten, können Sie schrittweise vorgehen. Am Schluss sollten Sie zwei Randstücke haben, die aus 12 Klötzen bestehen und zwei aus 5 Klötzen.

9 **Rohling aushobeln.** Hobeln Sie beide Seiten des Ahornrohlings im Diktenhobel. Beide Seiten sollten glatt sein und der gesamte Rohling gleichmäßig stark.

10 Ablängen. Sägen Sie Streifen vom Ahornrohling ab. Verwenden Sie die gleiche Einstellung des Längenanschlags wie für die Nussbaumklötze in Schritt 7.

11 Wieder verleimen. Drehen Sie die Ahornstreifen, sodass das Hirnholz oben liegt, geben Sie Leim an und spannen Sie die Leisten ein.

12 Kanten sauber schneiden. Sägen Sie die vier Seiten der Montage nach dem Trocknen nach, um ausgetretenen Leim zu entfernen und gerade Kanten zu erhalten.

13 Kurze Randstücke anbringen. Richten Sie die Leimfugen der Nussbaumrandstücke und des Ahornmittelteils aneinander aus. Geben Sie Leim an und spannen Sie die Montage wieder ein.

14 Kanten sauber schneiden. Stellen Sie die Tischkreissäge so ein, dass Sie nur ein Minimum an Material abnehmen, und sägen Sie an den Längskanten der Montage entlang, nachdem der Leim getrocknet ist. So wird ausgetretener Leim entfernt, und Sie erhalten schöne saubere Kanten für das Verleimen.

15 Lange Randstücke hinzufügen. Richten Sie die langen Randstücke aus Nussbaum so aus, dass sich ein angenehmes Muster mit den Ahornklötzen ergibt. Geben Sie Leim an und spannen Sie die Randstücke am Mittelstück an.

16 Verschnitt entfernen. Sägen Sie die Enden des Schneidbretts ab, um senkrechte saubere Seiten zu erhalten.

17 Kanten brechen. Runden Sie die oberen und unteren Kanten des Schneidbretts am Handoberfräsentisch mit einem 20-mm-Abrundfräser ab.

18 Griffmulden ausschneiden. Setzen Sie einen Hohlkehlfräser im Handoberfräsentisch ein, richten Sie zwei Stoppklötze aus und bringen Sie mit einer Einsatzfräsung zwei Griffmulden mittig in den kurzen Seiten des Schneidbretts an.

19 Glatt schleifen. Hirnholz zu schleifen ist etwas anstrengender und zeitaufwendiger, als Längsholz zu schleifen. Die Mühe lohnt sich jedoch. Beginnen Sie mit einer gröberen Körnung als sonst – vielleicht 120er – und arbeiten Sie sich bis zu einer 220er oder höher hinauf.

20 Oberfläche behandeln. Tragen Sie mit einem fusselfreien Tuch Ihr bevorzugtes lebensmittelechtes Oberflächenmittel auf. Hinweise zur Oberflächenbehandlung von Schneidbrettern finden Sie auf S. 156.

21 Füße anbringen. Gummifüße an der Unterseite des Schneidbretts sorgen dafür, dass es bei der Arbeit an Ort und Stelle bleibt. Schrauben Sie sie mit Edelstahlschrauben an, um Rostbildung zu verhindern.

Hirnholzleisten

Mit Konstruktionsprinzipien aus dem Möbelbau kann man ein schönes Schneidbrett herstellen.

Die Hirnholzleiste ist eine klassische Konstruktion, um Material daran zu hindern, sich zu verziehen oder zu werfen, ohne jedoch das Arbeiten des Holzes einzuschränken. Mit Hirnholzleisten kann man zum Beispiel auch einen rustikalen Tisch bauen. Ich habe für das hier vorgestellte Schneidbrett Nussbaum und Hickory gewählt, weil mir gefällt, wie das Nussbaumholz die dunkleren Stellen im Hickory zur Geltung bringt.

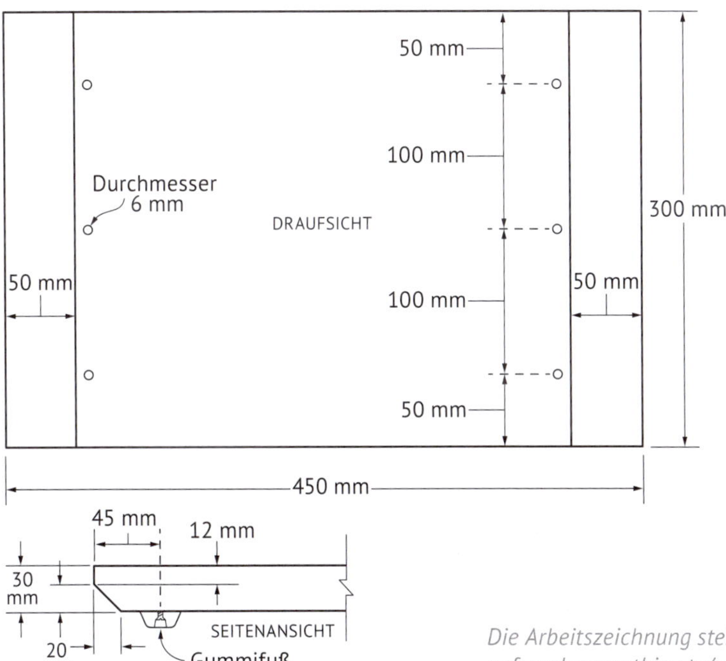

Die Arbeitszeichnung steht zur Verfügung auf: makesomething.tv/cuttingboards

Werkzeug und Hilfsmittel

- Kapp- und Gehrungssäge
- Zwingen
- Diktenhobelmaschine
- Tischkreissäge mit Gehrungsanschlag
- Ständerbohrmaschine
- Bohrmaschine
- 6-mm-Bohrer
- Klüpfel oder Hammer
- Dübelsäge
- Stechbeitel
- Tischlerleim
- Lebensmitteltaugliches Oberflächenmittel
- 4 Gummifüße mit Edelstahlschrauben

Material

- Mitte: 1 Stück Hickory, 50 x 300 x 450 mm
- Hirnholzleisten: 2 Stück Nussbaum, 50 x 50 x 300 mm
- Dübel: Dübelstange aus Laubholz, Durchmesser 6 mm

1 Material grob zuschneiden. Sägen Sie zuerst 50 mm starkes Hickoryholz auf 450 mm Länge zu. Schneiden Sie genug Stücke zu, um nach der Kantenverleimung ein 300 mm breites Schneidbrett bauen zu können.

2 Platte verleimen. Geben Sie eine dünne Schicht Leim an die Kanten der Stücke und spannen Sie sie zu einem Rohling der gewünschten Breite zusammen.

3 Auf Stärke hobeln. Hobeln Sie die Platte in der Dicktenhobelmaschine aus, bis die obere Seite eben ist. Drehen Sie die Platte dann um und hobeln Sie die andere Seite ebenfalls. Die genaue Gesamtstärke ist nicht so wichtig wie eine konsistente Stärke der ganzen Platte.

4 Die Hirnholzleisten vorbereiten. Hobeln Sie das Material, das Sie für die Hirnholzleisten verwenden werden, auf die gleiche Stärke wie das Mittelstück.

5 Rechtwinklig beschneiden. Verwenden Sie den Gehrungsanschlag an der Tischkreissäge, um die beiden Enden des Mittelstücks rechtwinklig zu beschneiden.

6 Feder anschneiden. Stellen Sie den Parallelanschlag auf eine Entfernung von 25 mm zum Sägeblatt ein, und das Sägeblatt auf eine Höhe von 10 mm. Sägen Sie in mehreren Durchgängen den Verschnitt an den Enden des Mittelstücks ab. Beim letzten Schnitt liegt das Material vom Gehrungsanschlag geführt, liegt aber am Parallelanschlag an. Da Sie gleich viel Verschnitt von beiden Seiten der Platte abnehmen, liegt die angeschnittene Feder genau mittig in der Platte.

7 Sägeblatt anheben. Schalten Sie die Tischkreissäge aus und heben Sie das Sägeblatt an, bis die Schnitttiefe der Länge der Feder entspricht.

8 Nut schneiden. Entfernen Sie in mehreren Durchgängen den Verschnitt in den Hirnholzleisten, um die Nut für die Federn am Mittelstück zu schneiden. Legen Sie beide Seiten der Leisten abwechselnd an den Anschlag, damit die Nut genau mittig liegt. Die Passung von Nut und Feder sollte stramm sein, die Verbindung sich aber noch mit der Hand zusammenstecken lassen.

9 Hirnholzleisten ablängen. Übertragen Sie die Breite des Mittelstücks direkt auf das Material für die Hirnholzleisten. Längen Sie dann die Leisten an der Tischkreissäge mit dem Gehrungsanschlag ab.

10 Auf Breite sägen. Nachdem so alle Verbindungen angeschnitten worden sind, schneiden Sie die Hirnholzleisten an der Tischkreissäge auf Breite.

11 Dübellöcher bohren. Stecken Sie die Hirnholzleisten auf das Mittelstück und bohren Sie an jedem Ende drei gleichmäßig verteilte 6-mm-Löcher.
Die Bohrungen können durch beide Seiten der Hirnholzleisten und durch die Federn am Mittelstück führen.

12 Das Holz arbeiten lassen.
Die mittleren Löcher an jedem Ende des Mittelstücks können so belassen werden, wie sie sind. Weiten Sie die vier äußeren Löcher in den Federn mit einem Handbohrer oder Stechbeitel. Diese Langlöcher erlauben den Dübeln, an den Hirnholzleisten an Ort und Stelle zu bleiben, auch wenn das Mittelstück bei wechselnder Luftfeuchtigkeit quillt und schwindet.

13 Verleimen. Um das unausweichliche Arbeiten des Holzes zuzulassen, werden nur 75 mm des Mittelstücks in die Hirnholzleisten eingeleimt. Die äußeren Dübel sorgen dafür, dass die Enden bündig mit der Brüstung des Mittelstücks abschließen, um zu verhindern, dass dieses bei Luftfeuchtigkeit arbeitet.

14 Dübel eintreiben. Spannen Sie die Hirnholzleisten fest am Mittelstück an. Treiben Sie mit dem Klüpfel oder Hammer kurze Stücke Dübelstange mit 6 mm Durchmesser durch die Hirnholzleisten und die Federn am Mittelstück. Runden Sie die unteren Enden der Dübel ab, damit sie sich leichter eintreiben lassen. Geben Sie nur an den mittleren Dübeln etwas Leim an, bevor Sie sie einschlagen.

15 Bündig schneiden. Sägen Sie die Enden der Dübel mit einer Dübelsäge ab. Falls Sie danach nicht bündig mit der Oberfläche der Hirnholzleisten abschließen, schneiden Sie mit einem scharfen Stechbeitel nach.

16 Fase anschneiden. Stellen Sie das Sägeblatt Ihrer Tischkreissäge auf etwa 45° ein. Schneiden Sie dann an der Unterkante der Hirnholzleisten am Gehrungsanschlag eine Fase an.

17 Fehlstellen versiegeln. Lassen Sie von einer Bleistiftspitze Epoxidharz in Aststellen und Ähnliches tropfen, damit sich dort keine Bakterien ansiedeln können.

18 Glänzen lassen. Verwenden Sie ein fusselfreies Tuch, um ein Oberflächenmittel Ihrer Wahl aufzutragen. In diesem Fall habe ich Öl und Wachs verwendet. Hinweise zur Oberflächenbehandlung von Schneidbrettern finden Sie auf S. 156.

19 Schweben lassen. Gummifüße an allen vier Ecken der Unterseite des Schneidbretts heben dieses nicht nur über den Küchentresen hoch, sie sorgen auch für zusätzliche Haftung, sodass das Brett sich bei der Arbeit nicht so schnell verschiebt.

Auf www.makesomething.tv finden Sie ein Video (in englischer Sprache), in dem die Herstellung dieses Stücks gezeigt wird.

Schneidbrett mit Wiegemesser

Ein Messer und ein Brett, die füreinander geschaffen sind.

Vor Jahren haben wir in Alaska ein Ulu-Messer gekauft, wie sie von den Eskimofrauen verwendet werden. Das Einzige an dem Messer, was mir noch besser gefällt als sein Aussehen, ist, wie gut man damit arbeiten kann. Die runde Schneide und das darauf abgestimmte ausgehöhlte Schneidbrett machen das Schneiden von Kräutern und Gemüse zu einem Kinderspiel. Das Set aus Messer und Brett ist inzwischen die am meisten genutzte Kombination in unserer Küche. Die Herstellung des Messers ist eine gute Einführung in die Grundlagen der Metallverarbeitung, ohne Spezialwerkzeuge vorauszusetzen. Falls Sie sich auf das Brett beschränken und auf die Herstellung des Messers verzichten möchten, können Sie auch ein Wiegemesser im Fachhandel oder Internet kaufen.

Werkzeug und Hilfsmittel

» Tischkreissäge
» Zwingen
» Diktenhobelmaschine
» Bohrmaschine
» Schrauben
» Drechselbank
» Drechseleisen: Schrupppröhre mit Karbidschneide
» Selbstheilende Schneidmatte
» Cuttermesser
» Elektrische Stichsäge mit Metallsägeblatt
» Ständerbohrmaschine
» Tellerschleifmaschine
» Bandschleifmaschine, stationär
» Bastardfeile
» Exzenterschleifer
» Schleifpapier
» Permanentmarker
» Schleifsteine und Öl oder Nassschleifpapier
» Bandsäge
» Bügelsäge oder elektrische Stichsäge
» Tischlerleim
» Lebensmittelechtes Oberflächenmittel
» Gedruckte oder gezeichnete Vorlage für Ulu-Messer
» Sprühklebstoff
» Edelstahlblech (1,5 mm stark)
» Epoxidklebstoff (schnellhärtend)
» 6-mm-Messingrundstange

Material

» Messergriff: 2 Stück Zucker-Ahorn (meist als Hard Maple im Handel, einheimische Sorten nicht hart genug), 12 x 38 x 80 mm
» Außenstücke Schneidbrett: 2 Stück Zucker-Ahorn (siehe oben), 38 x 65 x 200 mm
» Dunkle Streifen: 2 Stück Nussbaum, 38 x 20 x 200 mm
» Mittelstück: 1 Stück Zucker-Ahorn (siehe oben), 38 x 25 x 200 mm

Plan

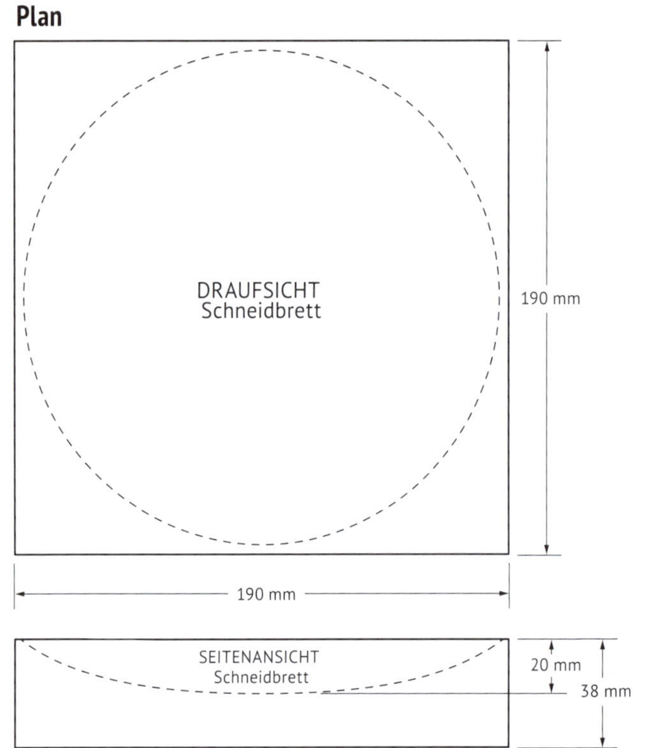

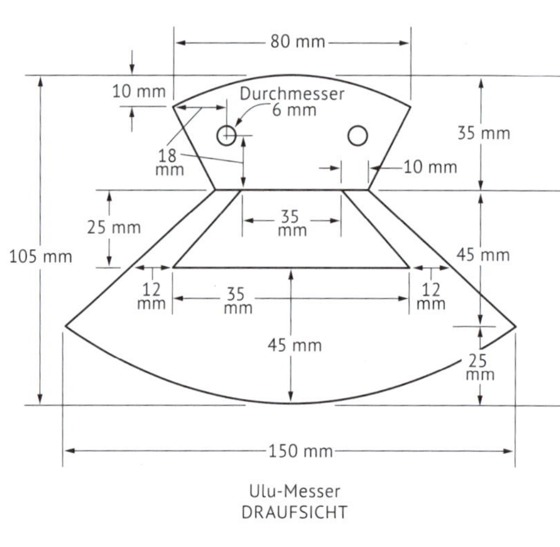

Ulu-Messer
DRAUFSICHT

Die Arbeitszeichnung steht zur Verfügung auf: makesomething.tv/cuttingboards

1 Ahorn zuschneiden. Sägen Sie zuerst für das Schneidbrett an der Tischkreissäge zwei Kanthölzer auf 65 mm Breite und 38 mm Stärke. Schneiden Sie ein weiteres Stück für das Mittelstück auf 25 x 38 mm. Längen Sie alle drei Stücke auf 200 mm ab.

2 Nussbaum vorbereiten. Schneiden Sie für die dunklen Kontraststreifen des Schneidbretts zwei Stück Nussbaum auf 20 x 38 mm und längen Sie sie auf 200 mm ab.

3 Material verleimen. Geben Sie eine dünne Leimschicht an alle Innenkanten des Materials und spannen Sie es dann ein, wie hier zu sehen.

4 Auf Stärke hobeln. Verwenden Sie den Dicktenhobel, um den Rohling gleichmäßig stark auszuhobeln, wenn der Leim getrocknet ist. Hobeln Sie von beiden Seiten, nehmen Sie aber nur so viel Holz ab wie nötig, um den Rohling möglichst dick zu lassen.

5 Auf Endmaß schneiden. Verwenden Sie einen Ablängschlitten oder den Gehrungsanschlag an der Tischkreissäge, um das Schneidbrett auf sein Endmaß von 190 x 190 mm zu bringen.

6 Das Drechseln vorbereiten. Schrauben Sie das Futter direkt an der Unterseite des Rohlings an, um ihn in der Drechselbank einspannen zu können. Zeichnen Sie Diagonalen von einer Ecke zur anderen, um das Futter einfacher mittig auf dem Rohling ausrichten zu können.

7 Eine flache Mulde ausdrehen. In der Mitte sollte die Vertiefung etwa 20 mm betragen. Die Kurve der Mulde sollte einen etwas größeren Durchmesser aufweisen als die Schneide des Messers, damit dieses frei auf dem Schneidbrett hin und her bewegt werden kann.

8 Oberflächenmittel auftragen. Sie können jedes beliebige lebensmitteltaugliche Oberflächenmittel verwenden.
In diesem Beispiel folgten auf einige Schichten Öl mehrere Schichten Wachs. Detaillierte Hinweise zur Oberflächenbehandlung von Schneidbrettern finden Sie auf S. 156.

9 Mit einer Schablone anfangen.
Sie können freihändig einen eigenen Entwurf zeichnen oder die Schablone ausdrucken, die Sie auf https://makesomething.tv/ulu finden. Schneiden Sie dann die Schablone mit einem Anreißmesser oder Cuttermesser aus einem Blatt Papier.

10 Stahlblech vorbereiten. Geben Sie Sprühklebstoff an die Schablone, und befestigen Sie sie auf einem Stück Edelstahlblech (1,65 mm Stärke). Sprühen Sie Lack über die Schablone, sodass der Umriss der Messerklinge auf dem Blech sichtbar wird. Nehmen Sie die Schablone wieder ab.

11 Stahlrohling ausschneiden. Verwenden Sie ein Metallsägeblatt in der Stichsäge, um den äußeren Umriss der Messerklinge auszuschneiden.

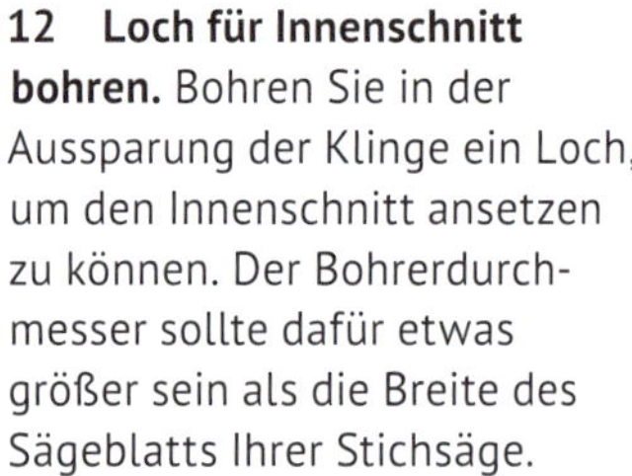

12 Loch für Innenschnitt bohren. Bohren Sie in der Aussparung der Klinge ein Loch, um den Innenschnitt ansetzen zu können. Der Bohrerdurchmesser sollte dafür etwas größer sein als die Breite des Sägeblatts Ihrer Stichsäge.

13 Aussparung ausschneiden. Führen Sie das Sägeblatt in das vorgebohrte Loch ein und sägen Sie vorsichtig den Verschnitt in der Aussparung in der Klinge aus.

14 Versäubern. Glätten Sie die Kanten des Klingenrohlings am Tellerschleifer. Sie können die Kanten auch auf einem Stück Schleifpapier auf einer ebenen Unterlage glätten – das erfordert lediglich etwas mehr Ellbogenschmiere.

15 Form nacharbeiten. Eine stationäre Bandschleifmaschine mit einem schmalen Schleifband ist gut geeignet, um in die engen Ecken des Klingenrohlings zu gelangen. Schleifpapier und ein schmales Stück Restholz gingen natürlich auch.

16 Aussparung nacharbeiten. Die Aussparung in der Mitte des Rohlings lässt sich am besten mit einer Bastardfeile glätten. Achten Sie darauf, den Rohling für diese Arbeit sicher an der Werkbank festzuspannen.

17 Zum Glänzen bringen. Am leichtesten poliert man das Metall, indem man mit einem 120er Schleifpapier beginnt und sich bis zum feinsten Papier hocharbeitet, das einem zur Verfügung steht. Je feiner die Körnung, desto spiegelähnlicher wird der Glanz.

18 Kanten entgraten. Raue Kanten kann man mit einem Stück 120er Schleifpapier glätten und etwas abrunden. Sie sollten sich danach glatt anfühlen.

19 Schneidenfase anreißen. Ziehen Sie in etwa 5 mm Entfernung von der Schneidenkante des Rohlings mit Permanentmarker eine Linie, die als Orientierung dient, wenn Sie die Schneidenfase anschleifen.

20 Grob vorschleifen. Formen Sie die Fase mit der Bandschleifmaschine oder einem Schleifklotz und Schleifpapier. Entfernen Sie kein Material über die zuvor angerissene Hilfslinie.

21 Klinge schärfen.
Das Messer wird abschließend mit Schleifsteinen geschärft. Im Bild sind Wassersteine zu sehen, man kann aber auch Ölsteine oder keramische Steine verwenden. (Sie haben keine Schleifsteine? Legen Sie einfach Nassschleifpapier in feinen Körnungen – 400er bis 1000er – auf eine ebene Unterlage.) Richten Sie erst die Rückseite eben ab, und schleifen Sie dann die Fase nach.

22 Griffstücke zuschneiden. Trennen Sie ein Stück Ahorn mittig auf, sodass Sie zwei Hälften für den Messergriff mit je 12 mm Stärke erhalten. Andere harte Laubhölzer wie Esche oder Nussbaum sind ebenso geeignet.

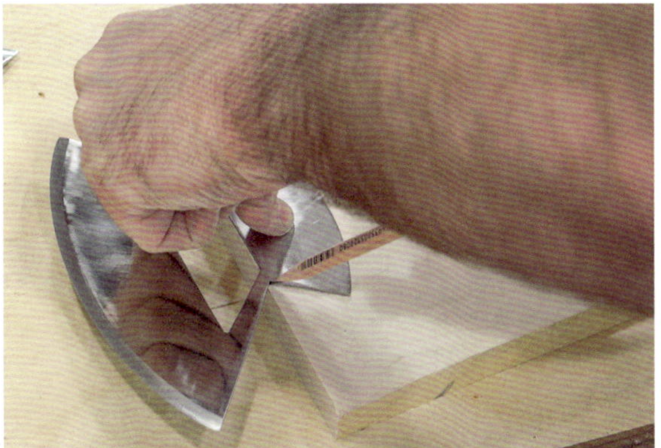

23 Griffumriss übertragen. Ziehen Sie den Umriss des Klingenoberteils auf beiden Griffrohlingen nach.

24 Griffe zuschneiden. Sägen Sie den Umriss des Griffs aus den beiden 12 mm starken Rohlingen aus. Da Sie die Form später noch nachschleifen können, reicht es, wenn Sie jetzt knapp außerhalb des Risses entlangsägen.

25 Verleimen. Verwenden Sie schnell trocknenden Epoxidklebstoff, um die zwei Griffteile direkt auf die beiden Seiten der Stahlklinge zu kleben.

26 Bohren. Wenn der Epoxidklebstoff trocken ist, bohren Sie zwei 6-mm-Löcher in den Griff. Achten Sie darauf, die Löcher symmetrisch im Griff anzuordnen.

27 Messingstangen einfügen. Befestigen Sie zwei Stücke Messingrundstange (Durchmesser 6 mm) mit Epoxidklebstoff in den Bohrlöchern. Messing ist ein recht weiches Metall und lässt sich leicht mit der Bügelsäge oder elektrischen Stichsäge auf Länge schneiden.

28 Alles glatt schleifen. An der Bandschleifmaschine ist das Holz schnell mit der Metallklinge bündig geschliffen.

29 An die Arbeit. Das Ulu-Messer lässt sich in der Mulde des Schneidbretts hin und her wiegen, das Set ist deshalb nicht nur schön anzuschauen, sondern auch sehr praktisch.

Hirnholz als Mauerwerk

Ein Hirnholzbrett mit einem einzigartigen Design.

Nachdem ich ähnliche Entwürfe im Internet gesehen hatte, beschloss ich, selbst einmal ein Schneidbrett zu bauen, das aussah wie gemauert. Und dabei wollte ich keineswegs subtil vorgehen – ich setzte auf extreme Kontraste: „Ziegel“ aus Mahagoni und „Mörtel“ aus Ahorn. Das Stück ist als Hirnholzbrett ausgeführt, sodass Messerschnitte kaum zu sehen sind.

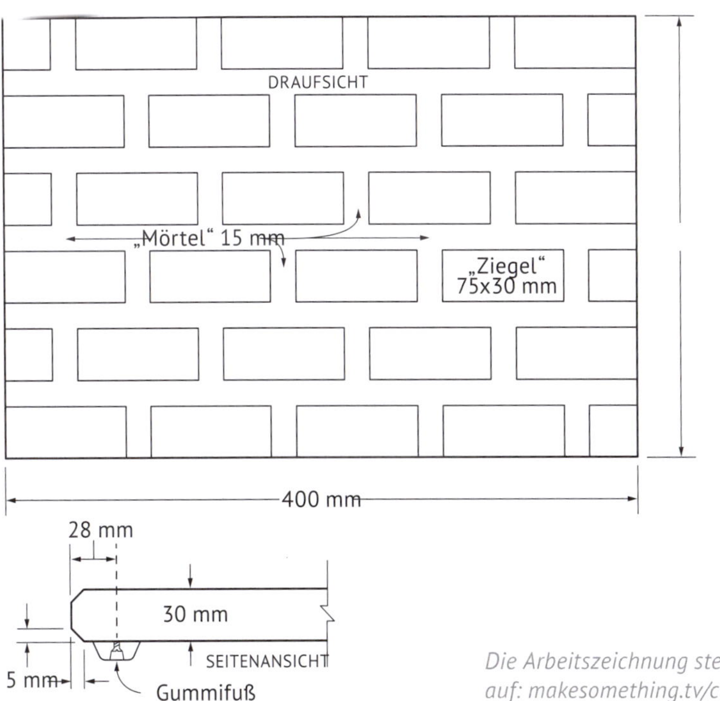

Die Arbeitszeichnung steht zur Verfügung auf: makesomething.tv/cuttingboards

Werkzeug und Hilfsmittel

- Diktenhobelmaschine
- Tischkreissäge
- Zwingen
- Zylinderschleifmaschine
- Handoberfräse mit 45°-Fasefräser
- Exzenterschleifer
- Tischlerleim
- Lebensmitteltaugliches Oberflächenmittel
- 4 Gummifüße mit Edelstahlschrauben

Material

- Senkrechter „Mörtel“: 4 Stück Ahorn, 38 x 15 x 450 mm
- Waagerechter ‚Mörtel‘: 5 Stück Ahorn, abgelängt und mit dem Hirnholz nach oben wieder zusammengeleimt, 30 x 15 x 400 mm
- „Ziegel“: 5 Stück Mahagoni, 38 x 75 x 450 mm

1 Den „Mörtel" vorbereiten. Hobeln Sie zuerst das Ahornholz auf 15 mm Stärke aus. Das helle Holz wird den „Mörtel" zwischen den Ziegeln darstellen.

2 Die „Ziegel" vorbereiten. Die „Ziegel" für das Schneidbrett werden aus Mahagoni hergestellt. Hobeln Sie das Holz zuerst auf 38 mm Stärke aus. Diese Stärke entspricht der Höhe der einzelnen Ziegel.

3 Ahorn auf Maß schneiden. Sägen Sie das Ahornholz an der Tischkreissäge in 38 mm breite Streifen.

4 Mahagoni auf Breite sägen. Da die ‚Ziegel' des Schneidbretts 75 mm lang sein werden, wird das Mahagoni an der Tischkreissäge auf 75 mm Breite geschnitten.

5 Verleimen. Längen Sie alle Teile auf etwa 450 mm ab und leimen Sie sie zusammen. Legen Sie abwechselnd Ahorn und Mahagoni nebeneinander, wie im Foto zu sehen. Federklemmern an den Leimfugen sorgen für eine ebene Fläche, wenn man die Zwingen in der Breite ansetzt.

6 Fläche glätten. Wenn der Leim trocken ist, wird die Oberfläche glatt gehobelt oder geschliffen. Eine Zylinderschleifmaschine erledigt die Arbeit schnell, falls man nicht manuell schleifen möchte.

7 Dann auftrennen. Jetzt kann der Rohling in 30 mm breite Stücke aufgetrennt werden. Dadurch wird die Stärke des Schneidbretts festgelegt. Sie benötigen insgesamt sechs Stücke.

8 Mehr ‚Mörtel' herstellen. Schneiden Sie aus 30 mm breitem Ahorn die längeren ‚Mörtel'-Stücke, die zwischen den ‚Ziegel'-Lagen kommen. Da das Hirnholz nach oben weisen soll, schneiden Sie eine Handvoll Stücke auf 30 mm Breite.

9 Den Ahorn verleimen. Legen Sie die Ahornstücke Kante an Kante und leimen Sie sie zusammen. Sie benötigen insgesamt fünf Streifen von 400 mm Länge.

10 Ahornstreifen glatt schleifen. Wenn der Leim an den Ahorn-Hirnholzstreifen getrocknet ist, wird die Oberfläche an der Zylinderschleifmaschine glatt geschliffen. Sie können auch manuell mit einem Stück Schleifpapier arbeiten, das auf einer glatten Fläche befestigt ist.

11 ‚Mörtel' zwischen die ‚Ziegel'-Reihen leimen. Leimen Sie die Ahornstreifen zwischen die ‚Ziegel'-Reihen. Achten Sie darauf, die Ziegel, wie im Foto zu sehen, gegeneinander zu versetzen.

12 Nochmals schleifen. Schleifen Sie wieder alles glatt. Mit einer Zylinderschleifmaschine spart man bei der Herstellung von Hirnholzschneidbrettern sehr viel Zeit, aber ein großer ebener Schleifklotz und etwas Ellbogenschmiere funktionieren genauso gut.

13 Rechtwinklig zuschneiden. Sägen Sie die Enden des Schneidbretts an der Tischkreissäge mit einem Ablängschlitten oder dem Gehrungsanschlag rechtwinklig zu.

14 Kanten brechen. Schneiden Sie mit der Handoberfräse und einem 45°-Fasefräser eine kleine Fase an den oberen und unteren Kanten des Schneidbretts an.

15 Abschließend schleifen. Schleifen Sie beide Flächen und alle Kanten fein nach. Arbeiten Sie sich durch immer feiner werdende Körnungen bis zur 220er.

16 Oberfläche behandeln. Tragen Sie Ihr bevorzugtes lebensmittelechtes Oberflächenmittel auf. Ich habe für dieses Brett eine Mischung aus Öl und Wachs verwendet. Hinweise zur Oberflächenbehandlung von Schneidbrettern finden Sie auf S. 156.

17 Füße anbringen. Befestigen Sie Gummifüße an der Unterseite des Schneidbretts, damit es sich bei der Arbeit nicht verschiebt. Verwenden Sie Edelstahlschrauben, um Rostbildung entgegenzuwirken.

Messerlager

Ein praktisches Schneidbrett, das auch die Messer des Kochs aufnimmt.

Dieser kompakte Arbeitsplatz bietet alles, was man braucht: eine ebene Schnittfläche, auf der die Messerschneiden geschont werden, und eine Halterung für eben diese Messer. Da die Messer und das Schneidbrett aufeinander abgestimmt sind, hat man immer alles zur Hand. Der Entwurf beruht auf Ahornstreifen, die in einem Muster mit ansprechenden Wiederholungen angeordnet sind. So macht sich das Schneidbrett gut auf dem Küchentresen, ob man es gerade benutzt oder nicht.

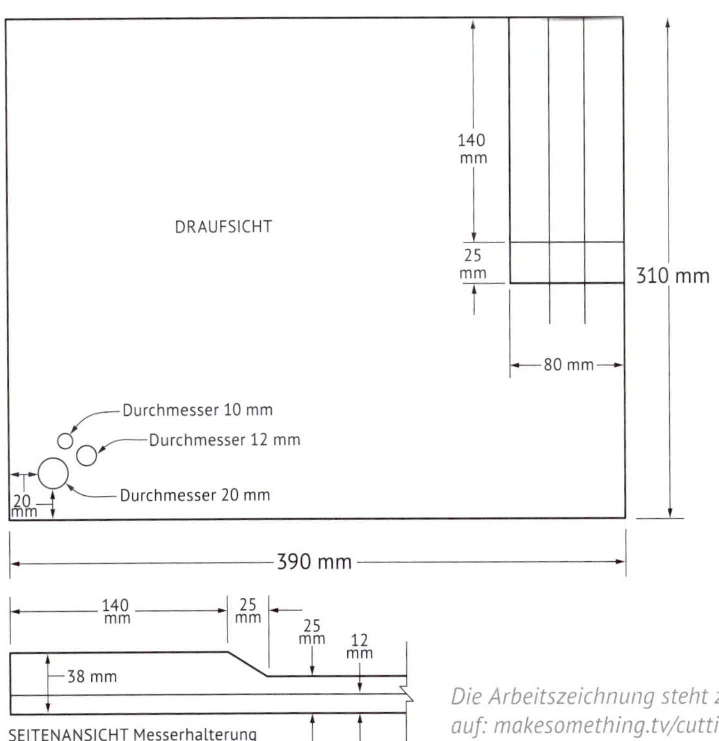

Die Arbeitszeichnung steht zur Verfügung auf: makesomething.tv/cuttingboards

Werkzeug und Hilfsmittel

- Kapp- und Gehrungssäge
- Tischkreissäge
- Zwingen
- Dicktenhobelmaschine
- Bleistift
- Bandsäge
- Kombiwinkel
- Spindelschleifmaschine oder um eine Rundstange gewickeltes Schleifpapier
- Ständerbohrmaschine mit 20-mm- und 10-mm-Forstnerbohrern
- Klüpfel
- Dübelsäge
- Exzenterschleifer
- Tischlerleim
- 2 Messer
- Lebensmittelechtes Oberflächenmittel
- 4 Gummifüße mit Edelstahlschrauben

Material

- Schneidbrett: 15 Stück Ahorn, 38 x 20 x 310 mm
- Oberteil Messerhalterung: 4 Stück Ahorn, 25 x 20 x 310 mm
- Unterteil Messerhalterung: 1 Stück Mahagoni, 12 x 70 x 310 mm
- Großer Dekorpunkt: 1 Dübel, Mahagoni, 20 mm Durchmesser
- Mittlerer Dekorpunkt: 1 Dübel, Mahagoni, 12 mm Durchmesser
- Kleiner Dekorpunkt: 1 Dübel, Mahagoni, 10 mm Durchmesser

1 Material auf Länge schneiden. Schneiden Sie das Material mit der Kapp- und Gehrungssäge auf Länge. Sie benötigen ausreichend Material für die gesamte Breite des Schneidbretts.

2 Material auf Breite und Stärke schneiden. Schneiden Sie das Material für das Schneidbrett an der Tischkreissäge auf einen Querschnitt von 38 x 20 mm und für die Messerhalterung auf 25 x 20 mm. Verwenden Sie beim Zuschneiden schmaler Stücke immer einen Schiebestock oder -klotz, um das Material am Sägeblatt vorbeizuschieben.

3 Schneidbrett verleimen. Legen Sie vier Stücke des Materials beiseite und verleimen Sie die restlichen zu einer Platte. Geben Sie dazu eine dünne Leimschicht an alle zu verleimenden Kanten und spannen Sie die Platte mit Zwingen ein.

4 Messerhalterung verleimen. Verleimen Sie die restlichen vier Stücke auf die gleiche Weise wie die anderen. Daraus entsteht die Messerhalterung, die dann auf dem Schneidbrett angebracht wird.

5 Schneidbrett und Messerhalterung auf Stärke hobeln. Bringen Sie beide Bauteile in der Diktenhobelmaschine auf Stärke. Achten Sie darauf, beide Teile von beiden Seiten zu hobeln, damit sie eben und glatt werden.

6 Umriss des Messergriffs übertragen. Verwenden Sie die Messer, die untergebracht werden sollen, als Schablone und reißen Sie die Aussparung für die Messergriffe an. Achten Sie darauf, dass die Schneide auf ihrer gesamten Länge bedeckt ist.

7 Aussparung schneiden. Sägen Sie an der Bandsäge den Verschnitt an der Messerhalterung aus, um die Aussparung für die Messergriffe zu schaffen.

8 Klingenschlitze anreißen. Reißen Sie mit dem Kombiwinkel die gleichmäßig verteilte Lage von zwei Klingenschlitzen in der Messerhalterung an.

9 Schlitze schneiden. Stellen Sie den Parallelanschlag an der Tischkreissäge für zwei abgesetzte Schnitte an den angerissenen Markierungen an. Wenn das Sägeblatt die Aussparung für die Messergriffe erreicht, halten Sie das Material mit dem Schiebestock fest und schalten die Tischkreissäge aus. Nehmen Sie das Material erst dann heraus, wenn das Sägeblatt vollkommen zum Stillstand gekommen ist.

10 Glatt schleifen. Glätten Sie die Aussparung für die Messergriffe an der Spindelschleifmaschine oder mit einem Stück Schleifpapier, das um eine Rundstange gewickelt ist.

11 Unterteil anbringen. Hobeln Sie ein Stück Mahagoni so auf Stärke, dass es zusammen mit der Stärke des unteren Teils der Messerhalterung der Stärke des Schneidbretts entspricht. Geben Sie Leim an dieses Unterteil, setzen Sie Zwingen an und verleimen Sie es mit der Messerhalterung.

12 Auf Breite schneiden. Sägen Sie das überstehende Mahagoni auf beiden Seiten der Messerhalterung ab, um zwei glatte Kanten zu erhalten.

13 Zusammenfügen. Geben Sie Leim an die Seitenkanten des Schneidbretts und der Messerhalterung und spannen Sie die beiden Teile mit Zwingen zusammen.

14 Hirnholzenden sauber schneiden. Sägen Sie an der Kreissäge mit dem Ablängschlitten oder Gehrungsanschlag beide Enden des verleimten Bretts rechtwinklig ab, um schöne saubere Kanten zu erhalten.

15 Optisch aufwerten. Um dem Schneidbrett das gewisse Etwas zu geben, bringen Sie an einer Ecke drei Dekorpunkte an, die durch ihr Material auch auf das Mahagoni unter der Messerhalterung verweisen. Die verwendeten Mahagonidübel haben Durchmesser von 20, 12 und 10 mm.

16 Dübel eintreiben. Geben Sie einige Tropfen Leim in jedes vorgebohrte Loch und treiben Sie mit dem Klüpfel kurze Dübelstücke in die Bohrlöcher.

17 Bündig sägen. Nehmen Sie die überstehenden Enden der Dübel mit einer Dübelsäge ab.

18 Glatt schleifen. Mit dem Exzenterschleifer dauert es nicht lange, das Schneidbrett abschließend zu schleifen. Arbeiten Sie sich durch die Körnungen, bis Sie 220 erreicht haben. Brechen Sie dann in Handarbeit mit einem Stück Schleifpapier alle Ecken und Kanten und schleifen Sie die Kurve an der Aussparung für die Messergriffe.

19 Glänzen lassen. Tragen Sie mit einem fusselfreien Baumwolltuch ein lebensmitteltaugliches Oberflächenmittel nach Wahl auf. Das hier gezeigte Schneidbrett wurde mit einer Kombination aus Öl und Wachs behandelt. Weitere Hinweise zur Oberflächenbehandlung von Schneidbrettern finden Sie auf S. 156.

20 Gummifüße anbringen. Wenn das Oberflächenmittel trocken ist, können Sie Gummifüße auf der Unterseite des Schneidbretts anbringen. Sie tragen zur Stabilität des Bretts bei, wenn darauf gearbeitet wird. Verwenden Sie Edelstahlschrauben zur Befestigung, um Rostbildung zu vermeiden.

21 Ausprobieren. Das Schneidbrett macht sich nicht nur gut auf Ihrem Küchentresen, es ist auch immer und sofort einsatzbereit.

Ständer für Tablet-PC

Das Rezept immer vor Augen ...

Heutzutage hat man oft das Gefühl, die Hälfte der Rezepte, nach denen man kocht, stammten aus dem Internet. Oder falls wir ein altes Lieblingsgericht kochen, konsumieren wir nebenher noch irgendwelche Medien. So oder so: Irgendwann war ich es leid, immer Krümel und Flecken von unserem Tablet-PC oder Smartphone wischen zu müssen. Das ist inzwischen kein Problem mehr. Die hier angegebenen Abmessungen dürften für die meisten Smartphones und Tablet-PCs passen. Lediglich die Nut muss vielleicht an Ihr Gerät angepasst werden.

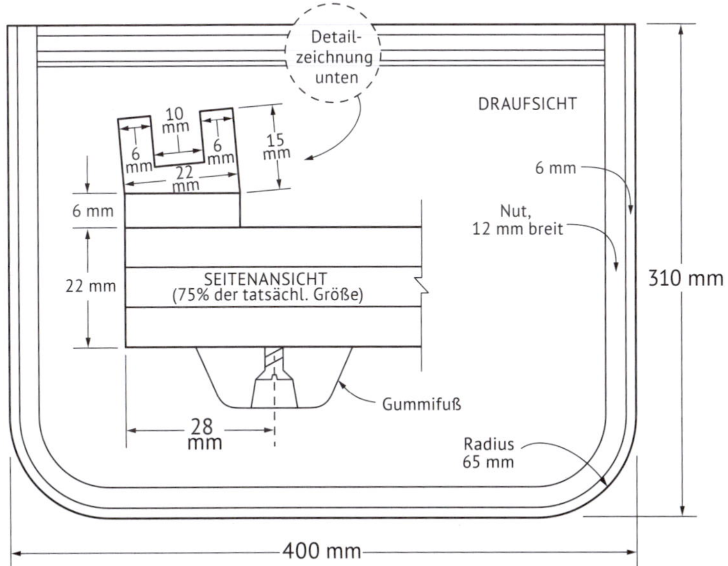

Die Arbeitszeichnung steht zur Verfügung auf: makesomething.tv/cuttingboards

Werkzeug und Hilfsmittel

- Kapp- und Gehrungssäge
- Tischkreissäge
- Zwingen
- Exzenterschleifer oder Zylinderschleifmaschine
- Handoberfräse
- 12-mm-Hohlkehlfräser
- 45°-Fasefräser
- Bandsäge
- Tischlerleim
- Sperrholzschablone
- Kombiwinkel
- Lebensmittelechtes Oberflächenmittel
- 4 Gummifüße mit Edelstahlschrauben

Material

- Hauptfarbe: 3 Stück Hickory, 22 x 100 x 400 mm
- Akzentfarbe und Akzentendstücke: 4 Stück Mahagoni, 22 x 6 x 400 mm
- Tablet-Halterung: 1 Stück Hickory, 22 x 22 x 360 mm
- Akzent an Tablet-Halterung: 1 Stück Mahagoni, 6 x 22 x 360 mm

1 Das Material vorbereiten. Schneiden Sie 100 mm breite Hickorybretter auf 400 mm Länge. Um ein schönes, schweres Schneidbrett zu bekommen, ist das Hickoryholz 22 mm stark. Sie brauchen insgesamt drei Stück.

2 Auf Breite schneiden. Sägen Sie an der Tischkreissäge 6 mm starkes Mahagoni zu 22 mm breiten Streifen. Sie benötigen insgesamt vier Stück.

3 Das Mahagoni ablängen. Schneiden Sie mit der Kapp- und Gehrungssäge oder auf der Tischkreissäge zwei der Mahagonistreifen auf 400 mm Länge.

4 Verleimen. Legen Sie zwei Mahagonistreifen zwischen die drei Hickorystreifen und geben Sie Leim an die Kanten. Achten Sie darauf, dass die Streifen alle fluchten, wenn Sie die Zwingen anziehen.

5 Eben schleifen. Schleifen Sie die beiden Flächen mit einem Exzenterschleifer oder einer Zylinderschleifmaschine eben, wenn der Leim getrocknet ist.

6 Enden rechtwinklig zuschneiden. Die beiden Enden des Schneidbrettes können mit einem Ablängschlitten oder dem Gehrungsanschlag an der Tischkreissäge rechtwinklig zugeschnitten werden.

7 Nuten für die Dekorstreifen schneiden. Aus rein dekorativen Gründen kann man Mahagonistreifen in die Enden des Schneidbretts einlegen. Schneiden Sie dafür eine Nut mit der Breite der Mahagonistreifen, die Sie in Schritt 2 zugeschnitten haben. Spannen Sie ein Stück Sperrholz am Parallelanschlag der Tischkreissäge an, um den Rohling sicher und stabil über das Sägeblatt führen zu können. Verwenden Sie einen Schiebestock oder -klotz für den Schnitt.

8 Dekorstreifen einleimen. Geben Sie nur in der Mitte der Streifen auf etwa 125 mm Länge Leim an die Mahagonistreifen, damit das Holz arbeiten kann. Legen Sie dann die Streifen in die Nuten und setzen Sie Zwingen an.

9 Rechtwinklig zuschneiden. Schneiden Sie die Enden des Schneidbretts an der Tischkreissäge mit einem Ablängschlitten oder dem Gehrungsanschlag rechtwinklig zu.

10 Saftrille schneiden. Stellen Sie eine Sperrholzschablone her, mit der Ihre Handoberfräse in 12 mm Abstand vom Rand des Schneidbretts geführt wird. Runden Sie die Ecken der Schablone ab. Spannen Sie die Schablone auf dem Rohling an und fräsen Sie die Saftrille mit einem Hohlkehlfräser in der Handoberfräse.

11 Ecken abrunden. Schneiden Sie an der Bandsäge die Ecken des Schneidbretts entsprechend der Rundung der Saftrille rund.

12 Unterseite anfasen. Um das Schneidbrett optisch leichter wirken zu lassen, wird die Außenkante an der Unterseite mit einem 45°-Fasefräser in der handgeführten Handoberfräse angefast. Die Fase sollte knapp unterhalb der Dekorstreifen aus Mahagoni in den Enden ansetzen.

13 Halterung für Tablet-PC herstellen. Sie müssen vielleicht die Maße der Halterung verändern, um Sie auf Ihr eigenes Gerät abzustimmen – Tablets gibt es in verschiedenen Größen und Formen und die Schutzhüllen können sie dicker machen. Bei den meisten Tablets ist eine 22 mm starke Hickoryleiste mit einer 10 mm breiten Nut gut geeignet.

14 Schräg stehen lassen. Neigen Sie das Sägeblatt in der Tischkreissäge um einige Grad und schneiden Sie an der Unterseite der Halterung eine Fase an. Dadurch steht die Halterung in einem Winkel auf dem Schneidbrett und man kann das Tablet leichter ablesen, wenn man am Schneidbrett arbeitet.

15 Ein weiteres Dekorelement anbringen. Als Gegenstück zu den Dekorstreifen in den Enden des Schneidbretts wird ein 6 mm starkes Stück Mahagoni an die Unterseite der Tablet-Halterung geleimt.

16 Halterung anbringen. Schneiden Sie die Halterung so zu, dass sie zwischen die Saftrille passt, und leimen Sie sie am Schneidbrett an.

17 Hinterkante versäubern. Sägen Sie die hintere Kante des Schneidbretts am Parallelanschlag der Tischkreissäge sauber ab.

18 Glatt schleifen. Schleifen Sie alle Kanten und Flächen bis zu einer Körnung von 220 glatt. Arbeiten Sie mit dem Exzenterschleifer und an den entsprechenden Stellen manuell.

19 Oberfläche behandeln. Tragen Sie einige Schichten Ihres bevorzugten lebensmitteltauglichen Oberflächenmittels auf. Weitere Hinweise zur Oberflächenbehandlung von Schneidbrettern finden Sie auf S. 156.

20 Füße anbringen. Bohren Sie Führungslöcher für die Gummifüße auf der Unterseite des Schneidbretts und befestigen Sie die Füße mit Edelstahlschrauben, um Rostbildung zu vermeiden.

Auf www.makesomething.tv finden Sie ein Video (in englischer Sprache), in dem die Herstellung dieses Stücks gezeigt wird.

Einlegearbeiten

Die einfache Herstellung eines wunderbaren Gestaltungselements

Werkzeug und Hilfsmittel

- Kapp- und Gehrungssäge
- Tischkreissäge
- Bleistift
- Schrauben
- MDF für Schablone
- Bandsäge
- Exzenterschleifer
- Zwingen
- Handoberfräse mit 6-mm-Nutfräser und 45°-Fasefräser
- Handoberfräsentisch mit Bündigfräser
- Hobel
- Tellerschleifmaschine oder Schleifpapier
- Tischlerleim
- Lebensmitteltaugliches Oberflächenmittel
- 4 Gummifüße mit Edelstahlschrauben

Material

- Schneidbrett: 1 Stück Bambussperrholz, 20 x 300 x 450 mm
- Furnierader außen: 2 Stück Katalox (Swartzia cubensis), 20 x 1,5 x 500 mm
- Furnierader innen: 1 Stück Mahagoni, 20 x 3 x 500 mm (Die Breite sollte so gewählt werden, dass die Furnierader insgesamt 6 mm breit ist.)

Schneidbretter sind ein ideales Experimentierfeld, um Neues auszuprobieren und Erfahrungen mit neuen Arbeitsmethoden und Materialien zu sammeln. Diese geschickte Methode, Einlegearbeiten anzufertigen, habe ich vor einigen Jahren in einem Beitrag von Scott Lewis in der Zeitschrift Fine Woodworking entdeckt. Man könnte sie auch bei einer Tischplatte oder einer Türfüllung einsetzen. Wenn man das Verfahren in einzelne Schritte aufteilt, ist es auch nicht mehr sehr schwierig. Ich habe das Schneidbrett aus Gründen der Haltbarkeit, Dimensionsstabilität und des Aussehens aus Bambussperrholz hergestellt.

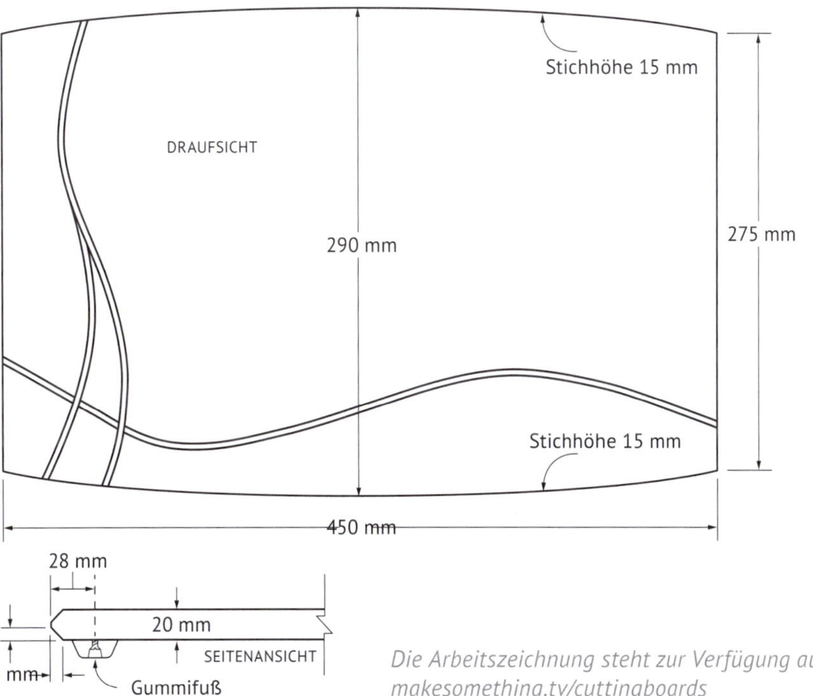

Die Arbeitszeichnung steht zur Verfügung auf: makesomething.tv/cuttingboards

1 **Material ablängen.** Das Schneidbrett wird aus 20 mm starkem und 300 mm breitem Bambussperrholz hergestellt. Schneiden Sie ein Stück auf 450 mm Länge zu.

2 **Furnieradern zuschneiden.** Die Einlegearbeit besteht aus sehr dünnen Streifen Kataloxholz. Man kann jedoch jedes andere Laubholz verwenden, das einen guten Kontrast zum Bambus bildet.

3 **Eine weitere Ader hinzufügen.** Es passt gut zum Bambus, wenn man zwischen die Kataloxstreifen einen Streifen Mahagoni einfügt. Es ist wichtig, dass die drei Streifen zusammen dem Durchmesser des Fräsers entsprechen, den Sie in Schritt 7 verwenden. Ich werde einen 6-mm-Nutfräser einsetzen, deshalb haben meine Furnieradern eine Gesamtbreite von 6 mm. Das Mahagoni wird auf Maß geschnitten, um diese Breite zu erreichen.

4 Die Kurve anreißen. Sie benötigen eine Schablone, um die Kurven in das Bambussperrholz zu fräsen. Sie wird mit einem Streifen Furnier oder dünnem Holz und einigen Schrauben aus einem Stück MDF hergestellt. Verändern Sie die Lage des Holzstreifens, bis er eine Kurve einnimmt, die Sie ansprechend finden.

5 Schablone ausschneiden. Sägen Sie die Kurve an der Bandsäge aus. Versuchen Sie, dabei genau auf dem Riss zu sägen.

6 Kurven glätten. Die Kurven sollten so glatt und harmonisch wie möglich verlaufen. Verwenden Sie eine Schleifmaschine, eine Raspel oder Schleifpapier mit einem Schleifklotz, um alle Unregelmäßigkeiten und Sägespuren zu entfernen.

7 Nuten schneiden. Spannen Sie die Schablone auf das Bambussperrholz und fräsen Sie eine 6-mm-Nut mit einer Tiefe, die etwa einem Drittel der Stärke des Holzes entspricht. Achten Sie darauf, dass die Grundplatte der Handoberfräse während des Fräsens immer dicht an der Schablone entlang geführt wird.

8 Durch die Nut sägen. Trennen Sie den Rohling in zwei Teile, indem Sie mit der Bandsäge genau in der gefrästen Nut schneiden.

9 Kanten bündig fräsen. Spannen Sie einen Bündigfräser im Handoberfräsentisch ein und fräsen Sie die geschwungenen Kanten an beiden Bambusteilen bündig. Der Anlaufring des Fräsers sollte an der Nutwandung anliegen, die Sie in Schritt 7 geschnitten haben. Dadurch erhalten Sie eine schöne glatte Kante für die Verleimung.

10 Verleimen. Geben Sie an alle betreffenden Kanten Leim an – an beide Bambusteile und an alle drei Furnieradern. Spannen Sie das Werkstück dann mit Zwingen zusammen. Diese Verleimung kann schwierig sein; ziehen Sie die Zwingen langsam an und achten Sie darauf, dass die Furnieradern oben und unten über die Oberfläche des Bambussperrholzes hinausragen.

11 Einlage verputzen. Nehmen Sie das überstehende Furnier auf beiden Seiten des Schneidbretts mit dem Hobel ab und verputzen Sie die Einlage.

12 Vorgang wiederholen. Um eine zweite Furnierader einzulegen, wiederholen Sie den gesamten Vorgang. Sie können ihn beliebig oft wiederholen, um ein einzigartiges nach Ihren Wünschen gestaltetes Schneidbrett anzufertigen.

13 Gestaltung vollenden. Für das hier gezeigte Schneidbrett wurden drei Schablonen und drei mehrteilige Furnieradern verwendet, die in drei Durchgängen verleimt wurden.

14 Rechtwinklig zuschneiden. Nachdem der Leim getrocknet und das Schneidbrett geschliffen worden ist, werden die Enden an der Tischkreissäge mit dem Gehrungsanschlag rechtwinklig zugeschnitten.

15 Stichbogen anreißen. Um an der oberen und unteren Kante des Schneidbretts eine ansprechende Kurve anzureißen, wird ein Stück Furnier oder anderes dünnes Holz entsprechend gebogen.

16 Kurve ausschneiden. An der Bandsäge werden die beiden zuvor angerissenen Kurven an der Ober- und Unterkante des Schneidbretts ausgesägt.

17 Kanten glatt schleifen. Die Bandsäge kann deutliche Schnittspuren hinterlassen. Schleifen Sie diese mit der Tellerschleifmaschine oder manuell ab.

18 Kanten brechen. Rüsten Sie die Handoberfräse mit einem 45°-Fasefräser auf und schneiden Sie an den Kanten der Ober- und Unterseite eine Fase an. Sie können nach Belieben auch einen Abrundfräser verwenden.

19 Glatt schleifen. Schleifen Sie alle Flächen und Kanten mit dem Exzenterschleifer. Arbeiten Sie sich durch immer feiner werdende Körnungen bis zur 220er.

20 Oberfläche behandeln. Tragen Sie mit einem fusselfreien Baumwolltuch Ihr bevorzugtes Oberflächenmittel auf. Weitere Informationen zur Auswahl und Anwendung von lebensmitteltauglichen Oberflächenmitteln finden Sie auf S. 156.

21 Gummifüße anbringen. Befestigen Sie Gummifüße mit Edelstahlschrauben an der Unterseite des Schneidbretts, damit es sich bei der Arbeit nicht verschiebt.

Auswahl und Verwendung von lebensmitteltauglichen Oberflächenmitteln

Man kann die Oberfläche eines Schneidbretts auf unterschiedliche Weisen behandeln. Keine Methode kommt ohne spätere Pflege aus. Je mehr man das Schneidbrett verwendet, desto häufiger wird man die Oberfläche nachbehandeln müssen. Ich behandele meine Schneidbretter gerne in zwei Schritten. Zuerst trage ich Öl auf, das tief in das Holz einzieht, dann kommt in einem zweiten Schritt eine schützende Schicht auf der Oberfläche hinzu.

Als Erstes kommt die Holzauswahl

Bei der Wahl des Holzes für ein Schneidbrett sollte man dichte Laubhölzer bevorzugen, weil sie haltbarer sind und unter den Bedingungen in der Küche nicht so sehr leiden. Man sollte auch Holzarten bevorzugen, die nicht ein Übermaß an natürlichen Ölen enthalten. Es gibt Menschen, die auf diese Öle sensibel reagieren, und außerdem möchten Sie auch nicht, dass Ihr Schneidbrett den Geschmack Ihrer Speisen verändert.

Vermeiden Sie versportes oder wiederverwendetes Holz, weil man nicht immer genau weiß, was man sich damit ins Haus holt.

Im Allgemeinen werden handelsübliche Laubhölzer wie Ahorn, Kirsche und Nussbaum für Schneidbretter verwendet. Exotische und seltene Tropenhölzer sollte man meiden. Welches Holz Sie auch verwenden möchten, recherchieren Sie auf jeden Fall vorher seine Lebensmitteltauglichkeit, bevor Sie sich ins Unbekannte wagen.

Welches Oberflächenmittel?

Als Öl sollten Sie eines wählen, welches nach DIN 71-3 spielzeugsicher und nach DIN 53160 speichel- und schweißecht ist. Diese sind häufig als Arbeitsplattenöle bezeichnet. Bsp. sind das Arbeitsplattenöl LF 283 von Leinos oder das Arbeitsplattenöl von allnatura (nicht zu verwechseln mit der Bio-Kette).

Für das Finish mit Wachs wie hier beschrieben empfiehlt sich Carnauba-Wachs.

Einfacher machen Sie es sich, wenn Sie ein kombiniertes Hartwachsöl verwenden. Geeignet sind z.B. das Hartwachs-Öl von ASUSO oder das Hartwachsöl LF 91 von Leinos. Oder wiederum jedes andere, welches die o.g. DIN-Normen erfüllt.

1 Mit glattem Material beginnen. Schleifen Sie alle Oberflächen bis zu einer 220er Körnung. Gute Schleifarbeit zahlt sich bei kleinen Werkstücken aus, die geradezu darum bitten, in die Hand genommen zu werden.

2 Fasern aufrichten. Verwenden Sie ein angefeuchtetes Tuch, um die Holzfasern aufzurichten. Die Feuchtigkeit sorgt dafür, dass manche der Fasern anschwellen.

3 Aufgerichtete Fasern abschleifen. Schleifen Sie dann mit 220er Schleifpapier nach. Dieser zweite Schleifgang dauert nicht lange und alles ist wieder glatt. Durch diesen Schritt bleibt das Schneidbrett später auch dann glatt, wenn es nach der Verwendung abgespült wird.

4 Öl auftragen. Geben Sie eine großzügige Schicht lebensmitteltaugliches Öl auf alle Flächen des Schneidbretts.

5 Wiederholen… Manche Holzarten und das Hirnholz aller Arten nehmen sehr viel Weißöl auf. Tragen Sie so lange Öl auf, bis sich auf der Oberfläche ein Überstand bildet. Lassen Sie diesen einige Stunden ruhen, bevor Sie ihn abwischen.

6 Etwas Wachs auftragen. Schmelzen Sie für die zweite Schicht etwas Wachs mit geringer Hitze auf dem Herd. Geben Sie während des Schmelzens etwas vom lebensmitteltauglichen Öl hinzu. Die Mischung sollte etwa zu gleichen Teilen aus Öl und Wachs bestehen.

7 Noch heiß auftragen. Geben Sie eine großzügige Menge der Wachsmischung auf das Holz, solange sie noch heiß ist. Lassen Sie das Wachs einige Stunden auf dem Holz. Dadurch bildet sich eine Schicht auf der Oberfläche, die sich später aber leicht entfernen lässt.

8 Auspolieren. Polieren Sie die Oberfläche mit einem weichen Tuch. Dadurch wird das Wachs abgetragen und das Schneidbrett erhält einen schützenden, matt glänzenden Überzug.

Richard Boudoin
Katy, Texas, USA

Galerie

Achtung, Schneidbretthersteller!

Die Follower von Make Something wurden gebeten, Fotos ihrer eigenen Schneidbretter einzusenden. Das Ergebnis kam schnell und war beeindruckend. Es waren sehr viele, sehr unterschiedliche Entwürfe vertreten, vom Eleganten und Schlichten bis hin zu technischen Wunderwerken. Im Folgenden werden unsere Lieblingsstücke unter den Einsendungen vorgestellt.

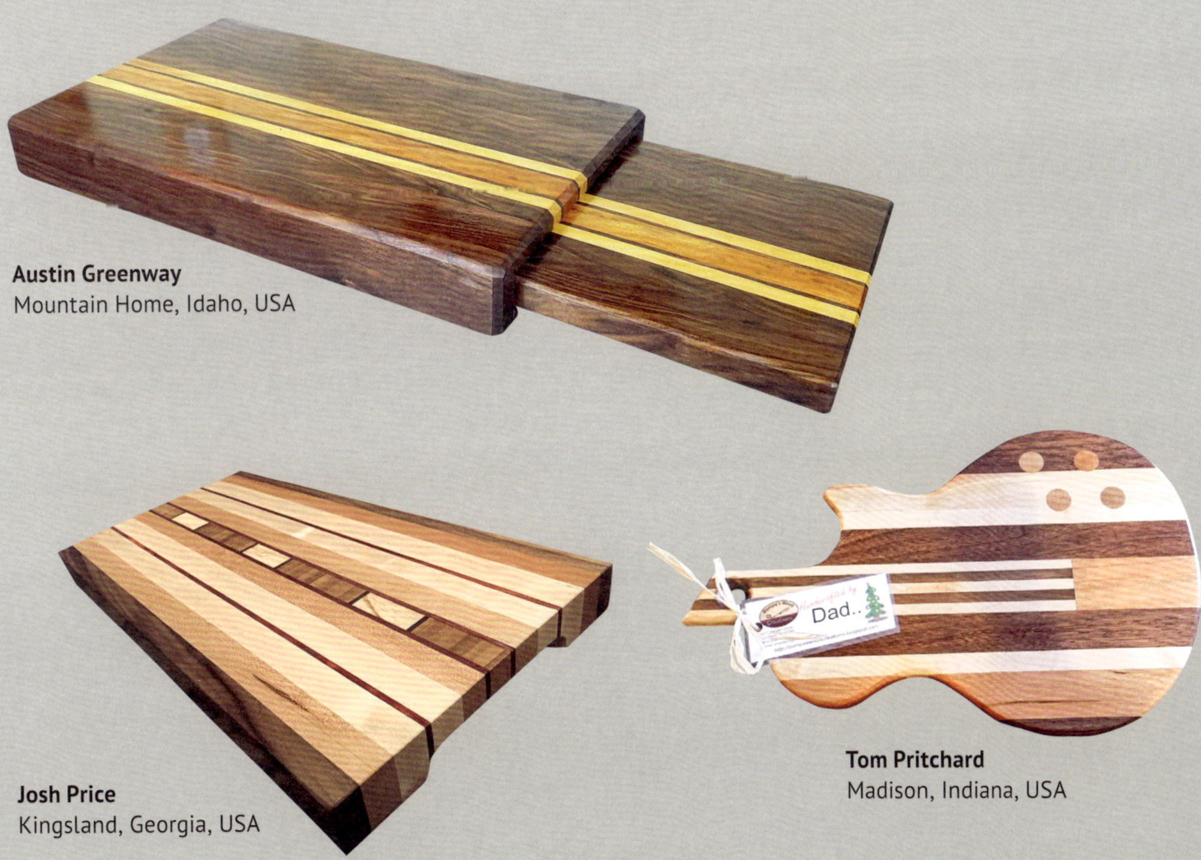

Austin Greenway
Mountain Home, Idaho, USA

Josh Price
Kingsland, Georgia, USA

Tom Pritchard
Madison, Indiana, USA

Leroy Aldinger
Overland Park, Kansas, USA

Daniel Kasprick
Goddard, Kansas, USA

Coenraad van Tonder
Bloemfontein, Free State, Südafrika

Derek Goss
Atascadreo, Kalifornien, USA

Leroy Aldinger
Overland Park, Kansas, USA

Brad Rodriguez
Nashville, Tennessee, USA

Maurice Blok
Tampere, Finnland

Christopher Tucker
Denver, Colorado, USA

Grant Brassette
Omaha, Nebraska, USA

Shane Pyle
Worksop, Nottinghamshire, Großbritannien

Brad Pullins
Burlington, North Carolina, USA

Brad Bagnall
Airdrie, Alberta, Kanada

Andrew Grehl
Guilford, Connecticut, USA

Chris Thomas
Fremont, Kalifornien, USA

Joseph Muench
Las Cruces, New Mexico, USA

Con Papandonis
Sydney, New South Wales, Australien

Patrick Sinn
Iowa City, Iowa, USA

Travis Cook
Vancouver, Washington, USA

Für den amerikanischen Originaltext

Deutsche Ausgabe: „Schneidbretter!"

Übersetzung: Michael Auwers, Dassel

Druck und Bindung: Gutenberg Beuys, Hannover

ISBN 978-3-7486-0326-9
Best.-Nr. 21399

HolzWerken –
Ein Imprint von Vincentz Network GmbH & Co. KG
Plathnerstr. 4c, 30175 Hannover
www.holzwerken.net

Lust auf mehr *HolzWerken*?

7 Ausgaben im Jahr – auch als Kombi-Abo Print + Digital!

Lesen Sie auf 64 Seiten, was in der Werkstatt hilft – von Grundlagen bis zu fortgeschrittenem Handwerk mit Holz:

- Anleitungen und Pläne zum Bau von Möbeln und Vorrichtungen
- Werkzeug-, Maschinen- und Materialkunde
- Tipps und Tricks von erfahrenen Praktikern
- Reportagen aus den Werkstätten kreativer Holzwerker
- Veranstaltungstermine und Produktneuheiten

Heiko Rech

Grundkurs Möbelbau

Heiko Rech ist bekannt als Blogger und HolzWerken-Autor, gibt aber auch seit Jahren Kurse zu allen Themen der Holzbearbeitung. Daher weiß er, wo Holzwerkern der Schuh drückt. In diesem Buch werden Grundlagenkapitel ergänzt mit zwei Bauprojekten, in denen die grundlegenden Arbeitstechniken an konkreten Aufgabenstellungen eingeübt werden. Der Lerneffekt wird durch korrespondierende Videos auf der beiliegenden DVD sinnvoll ergänzt.

252 Seiten, 21 x 29 cm, gebunden, Video-DVD (ca. 90 Min. Laufzeit)

Best.-Nr. 9140

ISBN 978-3-86630-726-1

Leseprobe ✔

vinc.li/9140

Sandor Nagyszalanczy

Werkstatthilfen selber bauen

Sicher spannen, führen, halten

Welche Vorrichtungen werden benötigt, um Werkzeuge zu führen und Werkstücke zu halten, oder umgekehrt? Dieses Buch bietet Ihnen zahlreiche Anwendungsbeispiele, Lösungen und Anregungen. Und versetzt Sie so in die Lage, die grundlegenden Lösungsansätze auf individuelle Probleme zu übertragen.

272 Seiten, 23,1 x 27,2 cm, 1077 farbige Fotos und Zeichnungen, geb.

Best.-Nr. 9154

ISBN 978-3-86630-948-7

E-Book ✔ Leseprobe ✔

vinc.li/9154

Vincentz Network GmbH & Co. KG *HolzWerken* Plathnerstr. 4c · 30175 Hannover · Deutschland